AF641748

DEUTSCHE AKADEMIE DER WISSENSCHAFTEN ZU BERLIN

Veröffentlichungen der Sternwarte Babelsberg

Band XIV, Heft 2

MIKROMETERMESSUNGEN VON DOPPELSTERNEN IN DEN JAHREN 1916-1939

ZWEITER TEIL: RESTSTERNE

bearbeitet von

KARL HEINRICH HINTZE

AKADEMIE-VERLAG · BERLIN

1962

Erschienen im Akademie-Verlag GmbH, Berlin W 8, Leipziger Straße 3—4
Copyright 1962 by Akademie-Verlag GmbH
Lizenznummer: 202 · 100/552/62
Gesamtherstellung: VEB Druckerei „Thomas Müntzer" Bad Langensalza
Bestellnummer: 2077/9 · ES 18 D 3 · Preis: DM 5,70

EINLEITUNG

Die vorliegende Veröffentlichung der Mikrometermessungen von Doppelsternen in den Jahren 1916 bis 1939 enthält den zweiten Teil, die sogenannten Reststerne, die Georg Struve (GΣ) in den Jahren 1929 bis 1930 allein durchgeführt hat. Die Art der Anordnung entspricht wiederum der in den Veröffentlichungen der Sternwarte Babelsberg Band XIII, Heft 2, auf die hier verwiesen werde; die Art der Beobachtung ist in Band XIV, Heft 1 dargelegt. Frau M. Siebert bin ich für die sorgfältige Anfertigung der Offsetdruckvorlagen sowie Frau M. Hintze für tatkräftige Hilfe bei der Reduktion und Kartierung der Mikrometermessungen und für das Lesen der Korrektur zu großem Dank verpflichtet.

Potsdam-Babelsberg, im November 1961

Karl Heinrich Hintze

ADS	Name	Bb	Ep 1900+	1950.0 α δ	p	s	Bd	t	Auge	Vgr	Bemerkungen
26AB	Σ 3055	GΣ	29.731	00^{h}01^m.4 +11°52$'$	357°.89	5$''$.68	1	+ 0^h.7	:	430	zerplatzend
			.780		359.65	5.66	2	+ 2.0	:	430	noch brauchbar
			29.756		358.77	5.67				2n	
43	Σ 3059	GΣ	30.043	00 02.5 +82 25	326.04	2.20	2	+ 1.7	:	430	recht sicher
			.054		325.06	2.12	2–1	+ 3.4	:	430	zweifelhaft
			.062		326.90	2.10	2–1	+ 4.2	:	430	mittelmäßig
			30.053		326.00	2.14				3n	
206	Σ 14	GΣ	29.857	00 13.3 −12 16	235.00	14.44	1	+ 0.9	:	430	zerplatzend
			.928		235.82	14.34	2	+ 0.4	:	430	Wolken
			29.892		235.41	14.39				2n	
350AB	OΣ 9	GΣ	29.734	00 23.5 +56 30	54.46	2.01	3–4	+ 4.9	:	430	sicher
			.736		56.12	1.82	4	+ 3.4	:	580	sicher
			29.735		55.29	1.92				2n	
351	β 778	GΣ	29.734	00 23.5 +51 33	46.14	1.36	2–3	+ 5.2	:	580	schwierig
			.736		45.88	1.36	4	+ 3.7	:	580	sicher
			29.735		46.01	1.36				2n	
606	Σ 50	GΣ	30.054	00 40.9 +76 56	87.99	18.81	1–2	+ 2.4	:	430	mittelmäßig
			.062		88.82	18.94	2	+ 3.1	:	430	sehr wechselnd
			30.058		88.40	18.88				2n	
825	Σ 81	GΣ	29.857	00 57.5 −02 17	67.77	17.66	1	+ 0.5	..	430	noch brauchbar
			30.027		68.34	17.80	1–2	+ 1.4	..	430	Wolken
			.648		67.72	17.66	2–3	+ 1.1	..	430	sicher
			30.177		67.94	17.71				3n	
917	β 501	GΣ	30.648	01 04.2 −04 55	31.18	2.83	2	+ 1.2	:	430	schwierig
			.659		31.71	2.79	4	+ 0.8	:	430	recht sicher
			.976		28.08	2.94	3–4	+ 0.3	:	430	sehr schwierig
			30.761		30.32	2.85				3n	
952	A 933	GΣ	30.754	01 07.0 +45 10	345.43	2.35	4	+ 0.6	:	430	
			.897		(348.08)	—	2	+ 1.3	:	430	Wolken
			.976		347.56	2.48	2–3	+ 0.7	:	430	mittelmäßig
			30.876		346.50	2.42				3n	
977AB	Kr 10	GΣ	29.709	01 08.9 +60 55	276.43	3.50	2	+ 2.8	:	430	recht sicher
			.728		277.91	3.54	3–2	+ 3.4	:	430	recht sicher
			29.718		277.17	3.52				2n	
981	Σ 97	GΣ	29.709	01 09.3 +51 16	99.11	4.48	2–1	+ 3.0	:	430	mittelmäßig
			.728		100.82	4.60	2	+ 3.6	:	430	sicher
			29.718		99.96	4.54				2n	
983	Σ 96	GΣ	30.070	01 09.4 +64 45	284.33	1.01	2–3	+ 2.9	:	430	brauchbar
990AB	OΣ 26	GΣ	29.712	01 10.2 +29 48	257.25	10.74	2	+ 0.2	..	430	sicher
			.780		259.06	10.55	3	+ 1.3	..	430	Wolken
			29.746		258.16	10.64				2n	
1053	OΣ 29	GΣ	29.934	01 16.0 +39 42	265.60	19.86	1–2	0	..	430	sehr schwierig
			30.022		265.86	20.17	1	+ 2.1	..	430	schlecht
			29.978		265.73	20.02				2n	
1068	Σ 109	GΣ	30.022	01 16.6 +63 39	10.79	7.04	2	+ 2.4	..	430	recht sicher
			.062		9.79	7.28	2	+ 3.2	..	430	sicher
			30.042		10.29	7.16				2n	
1124	Σ 119	GΣ	29.788	01 21.9 +04 56	149.52	13.62	2	+ 1.5	:	430	sicher
			.857		148.84	13.72	1	+ 0.4	:	430	schlecht
			29.822		149.18	13.67				2n	
1131	Σ 120	GΣ	29.712	01 22.5 −06 12	279.04	7.48	2	− 0.2	..	430	sicher
			.788		278.81	7.54	2	+ 0.7	..	430	sicher
			29.750		278.92	7.51				2n	
1141	Σ 124	GΣ	29.934	01 23.8 −14 09	234.33	7.08	1	− 0.5	..	430	zerplatzend
			30.027		232.52	7.24	1	+ 0.7	:	430	unsicher
			.659		232.06	7.11	3–4	+ 0.9	:	430	sicher
			.973		234.31	7.27	1	− 0.1	..	430	sehr schwierig
			30.398		233.30	7.18				4n	

ADS	Name	Bb	Ep 1900+	1950.0 α δ	p	s	Bd	t	Auge	Vgr	Bemerkungen
1145A-BC	β 1102	GΣ	30.166	$01^h24^m.2$ $+60^\circ02'$	$265^\circ.12$	$61''.72$	1-2	$+4^h.4$	:	430	sehr schwierig
1317	Σ 144	GΣ	29.788 .843 .857 29.829	01 37.8 -00 18	293.43 293.44 293.62 293.50	15.62 --- 15.55 15.58	2-3 1-2 1	+ 2.0 + 1.0 + 0.8	.. .. ..	430 430 430 3n	sicher Wolken schlecht
1326AB	Σ 145	GΣ	29.712 .788 29.750	01 38.5 +25 30	32.46 31.91 32.18	10.62 10.60 10.61	2-3 3	+ 0.1 + 2.3	: :	430 430 2n	sicher sicher
1374	Σ 154	GΣ	29.712 .728 .788 29.743	01 42.0 +43 27	126.14 127.87 126.91 126.97	5.13 5.25 5.20 5.19	3-2 2-1 3-4	+ 0.2 + 3.4 + 3.5	:	430 430 430 3n	sicher mittelmäßig sicher
1380	Σ 148	GΣ	29.788 30.070 29.929	01 42.5 +63 34	143.70 144.52 144.11	1.07 1.11 1.09	2-3 2-3	+ 3.7 + 2.0	.. :	580 430 2n	sicher schwierig
1381	Σ 151	GΣ	29.857 30.022 .054 29.978	01 42.5 +60 58	37.99 37.64 38.86 38.16	7.00 7.31 7.08 7.13	1-2 1 2	+ 3.6 + 2.2 + 2.3	: : :	430 430 430 3n	brauchbar sehr schwierig
1485	Σ 169	GΣ	30.065 .070 30.068	01 49.4 +69 48	134.78 134.58 134.68	5.44 5.29 5.36	2-1 2-3	+ 1.9 + 1.5	: :	430 430 2n	sehr unruhig wechselnd
1558AB	Σ 187	GΣ	29.788 .857 29.822	01 54.7 +31 20	186.06 186.05 186.06	13.03 13.01 13.02	2 1-2	+ 2.7 + 1.0	: :	430 430 2n	recht sicher recht schwierig
1586	Σ 195	GΣ	29.788 .810 29.799	01 57.1 +44 13	193.17 192.39 192.78	2.86 3.06 2.96	3 2	+ 2.9 + 1.2	: :	430 430 2n	sicher sicher
		GΣ	32.116		195.16	3.11	1	+ 2.3	:	430	zweifelhaft
1599	Σ 193	GΣ	29.788 .857 29.822	01 57.8 +60 16	199.12 197.27 198.20	2.68 2.80 2.74	2 1-2	+ 3.7 + 2.9	: :	580 430 2n	sicher schlecht
1627	Σ 207	GΣ	29.788 .857 29.822	02 00.6 +17 24	185.90 184.20 185.05	11.82 11.76 11.79	2 1-2	+ 2.2 + 0.6	: :	430 430 2n	brauchbar mittelmäßig
1637	Λr 13	GΣ	29.788 .857 29.822	02 01.4 +56 46	344.84 345.14 344.99	3.94 3.96 3.95	3 1-2	+ 3.9 + 2.6	.. ..	430 430 2n	sicher mittelmäßig
1646	Σ 204	GΣ	30.070 .155 30.112	02 02.8 +69 42	66.10 66.35 66.22	0.94 1.00 0.97	2-3 2	+ 2.4 + 3.2	: :	430 580 2n	
1659	OΣ 37	GΣ	30.155	02 04.1 +81 15	210.51	1.41	2-3	+ 3.6	:	430	schwierig
		GΣ	32.127 .132 32.130		209.58 211.95 210.76	1.41 1.47 1.44	3-4 3-4	+ 2.8 + 2.7	: ..	430 580 2n	sehr schwierig
1670AB	Σ 213	GΣ	30.065 .166 30.116	02 05.9 +50 51	323.36 322.16 322.76	1.88 1.92 1.90	2-1 2-1	+ 2.2 + 3.1	.. ..	430 430 2n	brauchbar recht schwierig
1670AC	Σ 213	GΣ	30.065 .166 30.116	02 05.9 +50 51	62.48 61.93 62.20	7.38 7.35 7.36	2 1	+ 2.3 + 3.3	: :	430 430 2n	recht sicher
1703AB	Σ 231	GΣ	30.032 .054 30.043	02 10.2 -02 38	231.07 231.58 231.32	16.16 16.28 16.22	1 1-2	+ 1.0 + 0.5	: :	430 430 2n	sehr schwierig schwierig
1754	Σ 223	GΣ	32.132	02 14.7 +80 30	44.90	0.60	3-2	+ 3.0	..	580	nicht sicher

ADS	Name	Bb	Ep 1900+	1950.0 α	δ	p	s	Bd	t	Auge	Vgr	Bemerkungen
1775	Σ 233	GΣ	30.054 .155 30.104	$02^h16^m.5$	$+76°09'$	277°.61 274.25 275.93	2".23 2.33 2.28	2–1 3	+ $1^h.9$ + 3.2	: :	430 430 2n	zweifelhaft sicher
1970AB	Σ 277	GΣ	30.065 .155 30.110	02 33.2	+59 40	139.16 141.87 140.52	2.97 3.01 2.99	2–1 2–1	+ 2.1 + 3.4	.. :	430 430 2n	brauchbar sehr schwierig
2014AB	Σ 283	GΣ	29.788 30.155 29.972	02 36.7	+61 16	208.54 208.57 208.56	1.86 1.82 1.84	4–3 4	+ 3.6 + 2.4	: :	430 430 2n	sicher sicher
2018AB	Σ 284	GΣ	30.054 .125 30.090	02 36.8	+61 04	191.58 191.98 191.78	6.10 6.02 6.06	1 1–2	+ 1.9 + 3.2	: ..	430 430 2n	sehr schwierig mittelmäßig
2020	Σ 286	GΣ	29.742 .810 .857 29.803	02 36.8	+33 44	254.76 254.71 256.73 255.40	2.74 2.99 2.91 2.88	2 2–1 1–2	+ 2.4 + 0.8 + 1.1	:	430 430 430 3n	mittelmäßig unsicher mittelmäßig
2077AB	Σ 293	GΣ	30.125 .155 30.140	02 40.6	+56 51	87.44 88.93 88.18	9.94 10.06 10.00	2–1 1–2	+ 2.8 + 3.6	: :	430 430 2n	mittelmäßig mittelmäßig
2192	OΣ 48	GΣ	29.857 .890 29.874	02 49.9	+48 22	316.90 316.95 316.92	6.60 6.59 6.60	1–2 0	+ 1.5 + 2.4	.. ..	430 430 2n	brauchbar schlecht
2205	Σ 322	GΣ	29.742 .857 29.800	02 51.1	+35 50	321.05 321.56 321.30	5.66 5.56 5.61	1–2 1–2	+ 1.9 + 1.2	.. :	430 430 2n	brauchbar recht sicher
2249	Kr 15	GΣ	30.106 .155 30.130	02 55.9	+56 41	112.51 113.02 112.76	4.03 4.09 4.06	1–2 1–2	+ 1.5 + 3.7	: :	430 430 2n	sehr mittelmäßig
2367	Σ 357	GΣ	29.893 30.022 .032 29.982	03 05.9	–12 47	295.22 296.30 296.20 295.91	8.53 8.72 8.26 8.50	1 1 1–2	+ 0.9 0 + 0.5	.. .. :	430 430 430 3n	schlecht unsicher unruhig
2458AB	Σ 372	GΣ	29.890 .893 29.892	03 15.8	+45 48	291.44 291.67 291.56	7.42 7.47 7.44	1 2	+ 1.3 + 1.0	.. ..	430 430 2n	schlecht
2659	Σ 424	GΣ	29.736 .857 29.796	03 36.2	+27 48	314.30 313.22 313.76	9.82 9.78 9.80	5 1–2	+ 1.3 + 2.0	: ..	430 430 2n	sicher brauchbar
2714	Σ 438	GΣ	29.736 30.062 29.899	03 40.5	+22 35	242.25 242.23 242.24	1.81 1.78 1.80	4–2 2–3	+ 0.9 – 0.2	: ..	580 430 2n	sehr wechselnd sicher
2870	Σ 465	GΣ	29.890 .893 29.892	03 53.1	+47 20	233.47 232.51 232.99	5.64 5.58 5.61	1–0 2	+ 1.0 + 0.7	: :	430 430 2n	schlecht sehr unruhig
3087	Σ 505	GΣ	30.109 .128 30.118	04 12.9	+62 28	119.96 118.83 119.40	8.95 9.00 8.98	1–2 1	+ 0.2 + 0.7	.. :	430 430 2n	brauchbar ganz verwaschen
3110	Σ 508	GΣ	30.109 .128 30.118	04 15.0	+67 46	250.53 252.35 251.44	2.70 2.80 2.75	1 2	+ 0.5 + 1.4	.. ..	430 430 2n	zweifelhaft brauchbar
		GΣ	32.099 .127 32.113			251.42 255.43 253.42	2.63 2.75 2.69	1 4–3	+ 0.3 + 1.1	.. :	430 430 2n	sehr schwierig sicher
3204AB	Σ 530	GΣ	30.128 .153 30.140	04 22.6	+53 23	199.93 200.33 200.13	14.08 14.00 14.04	2–1 1–2	+ 1.6 + 1.0	: :	430 430 2n	brauchbar sehr unruhig

ADS	Name	Bb	Ep 1900+	1950.0 α	δ	p	s	Bd	t	Auge	Vgr	Bemerkungen
3362	Σ 575	GΣ	29.890	$04^h36^m.1$	$-00°30'$	158°.52	4".89	1	$-0^h.2$	:	430	zweifelhaft
			.893			156.79	4.69	2	+ 0.2	:	430	recht sicher
			29.892			157.66	4.79				2n	
3452	Σ 584	GΣ	30.109	04 45.1	+66 27	122.34	12.01	1-2	+ 0.4	:	430	mittelmäßig
			.128			121.42	11.76	1	+ 0.4	:	430	sehr verwaschen
			30.118			121.88	11.88				2n	
3461	Σ 594	GΣ	29.920	04 46.1	+39 09	332.76	9.44	1-2	- 0.1	:	430	zweifelhaft
			30.106			332.11	9.18	1	+ 0.1	:	430	sehr schwierig
			30.013			332.44	9.31				2n	
		GΣ	31.146			332.92	9.37	2-3	+ 1.1	:	430	unsicher
			.149			331.66	9.00	3-2	+ 0.9	:	430	mittelmäßig
			31.148			332.29	9.18				2n	
		GΣ	32.157			332.86	9.12	1	+ 0.2	:	430	unsicher
3839	Σ 662	GΣ	29.893	05 12.9	+25 54	105.53	5.49	2-1	+ 0.4	..	430	sehr wechselnd
			.920			105.98	5.41	1	- 0.1	..	430	schlecht
			30.065			105.24	5.44	2-3	+ 3.4	..	430	sicher
			29.959			105.58	5.45				3n	
3840	Σ 632	GΣ	32.127	05 13.0	+78 20	43.57	2.08	3-4	- 0.7	:	430	sicher
			.132			43.32	1.78	2-3	+ 0.2	..	580	sehr unruhig
			32.130			43.44	1.93				2n	
3917	Σ 663	GΣ	30.109	05 17.7	+66 10	77.36	2.88	1	+ 0.2	..	430	gut
			.125			79.72	3.09	1-2	+ 0.9	:	430	sehr mittelmäßig
			30.117			78.54	2.98				2n	
3939AB	Ma 2	GΣ	30.065	05 18.9	-06 56	161.36	3.11	2	+ 1.9	..	430	
			.070			160.78	3.38	2-1	+ 1.4	:	430	sicher
			30.068			161.07	3.24				2n	
3995	Σ 702	GΣ	29.857	05 21.7	+02 20	79.13	8.28	2	+ 0.6	..	430	recht sicher
			.893			78.73	8.49	1	- 0.3	..	430	unsicher
			30.035			79.30	8.32	2-1	+ 0.6	..	430	brauchbar
			29.928			79.05	8.36				3n	
4010	Σ 709	GΣ	30.038	05 22.3	-07 45	319.56	11.28	1	- 0.3	:	430	Wolken
			.166			319.73	11.00	2-1	+ 1.0	:	430	mittelmäßig
			30.102			319.64	11.14				2n	
4097	Σ 725	GΣ	30.035	05 27.2	-01 08	87.22	12.65	1-2	+ 0.2	..	430	brauchbar
			.106			88.63	12.47	0	- 0.2	..	430	unsicher
			31.209			86.52	12.59	1	+ 1.4	..	430	
			32.168			87.24	12.51	1	+ 0.5	..	430	unsicher
			30.880			87.40	12.56				4n	
4104	Σ 724	GΣ	29.893	05 27.5	+10 59	248.00	6.70	1	- 0.1	..	430	zerplatzen
			.920			247.87	6.79	1	- 0.1	..	430	zweifelhaft
			30.065			246.03	6.84	2	+ 2.5	:	430	sicher
			29.959			247.30	6.78				3n	
4127	Σ 731	GΣ	30.035	05 28.8	-02 08	328.28	4.70	2	0	:	430	recht sicher
			.065			327.76	4.67	2-3	+ 1.5	:	430	brauchbar
			30.050			328.02	4.68				2n	
4167	Σ 720	GΣ	30.125	05 32.0	+63 29	165.79	6.10	1-2	+ 0.9	:	430	Wolken
			.128			167.02	6.10	2	+ 0.8	:	430	sicher
			30.126			166.40	6.10				2n	
4180	Σ 741	GΣ	30.035	05 32.4	-00 09	284.66	9.97	1-2	- 0.2	..	430	brauchbar
			.065			285.03	9.98	2	+ 2.1	..	430	sicher
			30.050			284.84	9.98				2n	
4181	OΣ 111	GΣ	30.065	05 32.5	+10 13	354.40	2.93	2-3	+ 2.3	:	430	sicher
			.070			353.99	2.88	1-2	+ 1.5	:	430	mittelmäßig
			30.068			354.20	2.90				2n	
4184	J 676	GΣ	30.070	05 32.8	+07 21	282.61	1.67	2	+ 1.8	:	430	sicher
			.161			282.19	1.71	2	- 0.2	..	580	schwierig
			31.174			282.25	—	1	+ 1.0	..	430	nicht zu trennen
			30.468			282.35	1.69				3n	

ADS	Name	Bb	Ep 1900+	1950.0 α δ	p	s	Bd	t	Auge	Vgr	Bemerkungen
4185	Σ 744	GΣ	30.035 .070 30.052	$05^h32^m.8$ $+07°15'$	267°.70 267.07 267.38	13".20 12.72 12.96	1 2	+ $0^h.8$ + 1.6	.. ..	430 430 2n	sehr unruhig sicher
		GΣ	31.021 .209 31.115		266.99 267.24 267.12	13.11 13.37 13.24	1–2 1	– 3.3 + 1.7	.. ..	430 430 2n	zweifelhaft unsicher
		GΣ	32.168		267.18	13.06	1	+ 0.8	..	430	
4207	Σ 714	GΣ	32.099 .127 32.113	05 33.8 +73 59	326.86 327.02 326.94	10.00 9.90 9.95	1 4–3	– 0.7 0	: :	430 430 2n	schlecht sicher
4225AB	OΣ 518	GΣ	30.169	05 35.2 +07 13	240.17	2.07	4	+ 0.5	:	430	sicher
4225AC	OΣ 518	GΣ	30.161 .169 30.165	05 35.2 +07 13	237.65 236.88 237.26	40.25 40.18 40.22	2 4	+ 0.4 + 0.7	: :	430 430 2n	mittelmäßig sicher
----	Σ 773AC	GΣ	30.128 .169 30.148	05 39.5 +33 21	219.07 218.47 218.77	27.18 27.14 27.16	2 4	+ 3.3 + 0.1	: :	430 430 2n	Wolken sicher
4287	Ho 509	GΣ	30.169	05 39.7 +33 18	204.49	10.66	4	– 0.1	:	430	sicher
4288	Σ 768	GΣ	30.153 .185 30.169	05 39.8 +41 06	219.75 220.60 220.18	18.62 18.61 18.62	2–1 3	+ 0.3 + 1.3	: :	430 430 2n	brauchbar sicher
4308AB	Σ 779	GΣ	29.893 30.106 30.000	05 41.2 +27 43	253.70 253.15 253.42	8.50 8.50 8.50	2–1 1	+ 0.1 – 0.1	.. ..	430 430 2n	mittelmäßig mittelmäßig
4329AB	Σ 788	GΣ	30.065 .144 30.104	05 42.1 +03 49	88.81 88.44 88.62	7.35 7.29 7.32	2 2–1	+ 2.5 – 0.1	.. ..	430 430 2n	sicher
4329AC	Σ 788	GΣ	30.065 .144 30.104	05 42.1 +03 49	148.05 147.37 147.71	35.88 35.90 35.89	2–1 2–1	+ 2.6 + 0.1	: :	430 430 2n	mittelmäßig mittelmäßig
4361	Σ 790	GΣ	30.065 .144 30.104	05 43.6 –04 17	89.08 88.11 88.60	6.96 6.82 6.89	2–1 1	+ 1.7 + 0.4	.. ..	430 430 2n	mittelmäßig sehr schwierig
4439AB	Σ 794	GΣ	30.153 .281 30.217	05 48.0 +48 43	314.18 313.59 313.88	9.38 9.47 9.42	1 4	0 + 3.5	: ..	430 430 2n	noch brauchbar sicher
4456AB	Σ 802	GΣ	29.893 30.038 .128 30.020	05 49.0 +40 09	108.62 106.53 105.47 106.87	2.75 2.77 2.78 2.77	3–2 2–1 2	+ 2.0 – 0.2 + 2.9	.. : :	430 430 430 3n	sicher Wolken brauchbar
4472	β 1053	GΣ	30.172 .185 .188 30.182	05 50.1 +37 20	337.25 336.65 334.73 336.21	1.14 1.16 1.17 1.16	4–5 3 3–4	– 0.6 – 0.1 – 0.2	: : :	580 580 580 3n	ausgezeichnet sicher sicher
4483	Σ 811	GΣ	29.893 30.128 30.010	05 51.0 +30 29	232.25 232.41 232.33	4.93 5.07 5.00	2 2–1	+ 0.7 + 2.6	: :	430 430 2n	recht sicher brauchbar
4496AB	Σ 815	GΣ	30.035 .144 30.090	05 51.9 +05 21	137.15 136.79 136.97	12.99 12.95 12.97	1–2 1–2	+ 0.6 + 0.8	: :	430 430 2n	sicher sehr unruhig
4505	OΣ 122	GΣ	30.169 .172 .281 30.207	05 52.4 +36 56	153.44 155.90 148.11 152.48	0.50 0.30 0.35 0.38	4–3 4–3 4–3	+ 0.9 – 0.1 + 3.6	: : :	580 580 580 3n	länglich länglich länglich

ADS	Name	Bb	Ep 1900+	1950.0 α δ	p	s	Bd	t	Auge	Vgr	Bemerkungen
4507	Σ 810	GΣ	30.185 .281 30.233	$05^{h}52^{m}.6$ $+52^{\circ}56'$	$243^{\circ}.64$ 242.73 243.18	$2''.62$ 2.64 2.63	3 4	$+0^{h}.3$ + 3.1	: :	580 430 2n	Dunst sicher
4547	Σ 823	GΣ	30.144 .166 30.155	05 55.3 -07 40	341.47 341.78 341.62	7.51 7.79 7.65	1-2 2-1	+ 0.5 + 0.7	: :	430 430 2n	sehr unruhig sehr mittelmäßig
4574	Σ 822	GΣ	30.185 .188 30.186	05 56.6 +43 11	55.37 55.27 55.32	15.21 15.10 15.16	2-3 3	+ 0.7 + 0.2	: :	580 430 2n	mittelmäßig sicher
4582AB	Σ 829	GΣ	30.188	05 57.3 -11 42	233.55	18.79	1-2	+ 0.6	:	430	unsicher
4582BC	Σ 829	GΣ	30.188	05 57.3 -11 42	216.01	5.42	2	+ 0.4	:	430	sehr schwierig
4597	OΣ 127	GΣ	30.169 .172 .188 30.176	05 58.6 +38 43	331.16 331.28 331.33 331.26	1.72 1.88 1.68 1.76	4-3 2-3 2-3	+ 0.5 + 0.1 - 0.2	: : :	580 580 580 3n	sicher zweifelhaft schwierig
4659	Σ 839	GΣ	30.051 .155 30.103	06 02.4 -02 43	287.61 287.31 287.46	4.94 5.06 5.00	2 2	+ 0.7 + 0.9	.. ..	430 430 2n	brauchbar mittelmäßig
4696	OΣ 130	GΣ	30.281 31.223 32.255 31.253	06 04.3 +42 40	197.27 203.38 193.72 198.12	0.49 0.52 0.38 0.46	4 4 4	+ 3.6 + 4.2 + 2.7	: : :	580 580 830 3n	sehr schwierig sehr schwierig recht sicher
4716	OΣ 133	GΣ	29.893 30.065 29.979	06 05.0 +21 18	32.26 34.05 33.16	3.31 3.27 3.29	2-1 1-2	+ 1.0 + 2.7	: :	430 430 2n	schwierig mittelmäßig
4735AB	Σ 852	GΣ	30.051 .070 30.060	06 05.9 +07 23	319.19 319.10 319.14	9.19 9.12 9.16	2 1-2	+ 0.4 + 1.7	: ..	430 430 2n	sicher mittelmäßig
4736	Σ 854	GΣ	30.035 .155 30.095	06 05.9 +05 49	321.70 320.74 321.22	5.28 5.64 5.46	2 2-1	+ 0.8 + 0.9	: :	430 430 2n	sicher mittelmäßig
		GΣ	31.146 .165 31.156		320.39 319.56 319.98	5.51 5.45 5.48	3-2 2	+ 0.1 + 0.8	: :	430 430 2n	sicher brauchbar
4777	Σ 860	GΣ	29.893 30.065 29.979	06 08.0 +24 54	356.79 356.86 356.82	5.80 5.79 5.80	2-1 2	+ 1.3 + 2.9	: ..	430 430 2n	mittelmäßig brauchbar
4790	Σ 862	GΣ	29.893 30.065 29.979	06 08.9 +29 30	337.36 338.14 337.75	6.70 6.66 6.68	2-1 2	+ 1.5 + 3.2	: :	430 430 2n	sehr unruhig sicher
4814	Σ 873	GΣ	30.155 .161 30.158	06 10.1 -01 47	292.32 292.65 292.48	8.39 8.43 8.41	2 2	+ 1.1 + 0.1	.. ..	430 430 2n	mittelmäßig sicher
4818	Σ 865	GΣ	30.153 .172 30.162	06 10.4 +51 11	70.32 66.76 68.54	5.25 5.34 5.30	2 3	+ 4.5 + 0.2	: ..	430 580 2n	brauchbar Wolken
		GΣ	31.223 32.168 31.696		68.96 68.55 68.76	5.21 5.03 5.12	2-1 1	+ 5.8 + 0.5	: :	580 430 2n	Dunst schwierig
4867	Σ 879	GΣ	29.893 30.128 30.010	06 13.1 +30 06	68.88 69.31 69.10	7.66 7.72 7.69	2 2	+ 1.7 + 3.2	: :	430 430 2n	mittelmäßig brauchbar
4886	Σ 885	GΣ	30.035 .070 30.052	06 14.2 +06 01	298.24 297.52 297.88	9.95 9.95 9.95	2-1 2	+ 1.2 + 1.8	.. ..	430 430 2n	sicher sicher

ADS	Name	Bb	Ep 1900+	1950.0 α δ	p	s	Bd	t	Auge	Vgr	Bemerkungen
4888AB	Σ 876	GΣ	30.153	$06^h14^m.4$ +53°41'	48°.99	7".94	2-1	$+5^h.1$	:	430	schwierig
			.172		45.66	8.05	2-3	+ 0.4	:	580	Wolken
			30.162		46.32	8.00				2n	
4939	Σ 891	GΣ	30.166	06 16.9 +12 19	293.06	21.90	1-2	+ 0.9	..	430	mittelmäßig
		GΣ	31.149		293.08	21.80	2	- 0.2	..	430	sehr verwaschen
			.209		293.32	21.92	1	+ 1.3	..	430	schlecht
			31.179		293.20	21.86				2n	
4978AB	Σ 3116	GΣ	30.161	06 19.1 -11 45	22.82	4.00	2	+ 0.2	:	430	zweifelhaft
			.166		25.32	3.95	1	+ 0.5	:	430	schlecht
			30.164		24.07	3.98				2n	
		GΣ	32.250		24.66	4.03	2	+ 2.1	:	430	brauchbar
5030	Σ 903	GΣ	30.161	06 22.0 -12 56	294.88	23.31	1-2	+ 0.4	..	430	noch sicher
			32.250		294.88	23.10	2	+ 1.7	..	430	noch sicher
			31.206		294.88	23.20				2n	
5085	Σ 907	GΣ	30.153	06 25.0 +30 27	302.51	11.86	1-2	+ 0.3	:	430	mittelmäßig
			.153		302.30	11.96	2-1	+ 3.5	..	430	sicher
			30.153		302.40	11.91				2n	
5089AB	Σ 906	GΣ	30.065	06 25.4 +37 25	336.95	6.47	2-1	+ 3.5	..	430	mittelmäßig
			.153		337.09	6.44	2-1	+ 0.7	:	430	mittelmäßig
			30.109		337.02	6.46				2n	
5097AB	Σ 915	GΣ	30.035	06 25.6 +05 18	40.56	6.11	1-2	+ 1.3	:	430	sicher
			.070		39.98	6.03	2	+ 1.8	:	430	mittelmäßig
			30.052		40.27	6.07				2n	
5099AB	Σ 904	GΣ	30.153	06 25.8 +51 49	165.57	4.88	2-1	+ 4.6	..	430	
			.172		164.48	5.14	2	+ 0.6	:	580	mittelmäßig
			30.162		165.02	5.01				2n	
5106	Σ 912	GΣ	30.065	06 26.4 +36 38	27.88	3.43	2-1	+ 3.2	:	430	sicher
			.153		28.47	3.42	2	+ 3.8	:	430	sicher
			30.109		28.18	3.42				2n	
5115	Σ 908	GΣ	30.153	06 26.8 +53 54	358.17	8.51	1-2	+ 5.2	:	430	mittelmäßig
5124	OΣ 142	GΣ	30.035	06 27.2 +07 09	354.03	8.48	1-2	+ 1.5	:	430	zweifelhaft
			.070		353.81	8.46	2-1	+ 2.0	:	430	sicher
			30.052		353.92	8.47				2n	
5137	Σ 920	GΣ	30.035	06 27.8 +04 22	210.29	9.45	1	+ 1.8	:	430	unsicher
			31.217		210.56	9.55	4-5	+ 0.7	:	430	sicher
			.267		209.63	9.91	1	+ 2.4	:	430	zweifelhaft
			30.840		210.16	9.64				3n	
5152	OΣ 519	GΣ	30.062	06 28.4 +15 46	77.24	8.29	2	+ 1.9	:	430	recht sicher
			.153		75.99	8.67	1-2	0	..	430	mittelmäßig
			31.149		76.81	8.47	2	- 0.1	..	430	schwierig
			.165		76.47	8.32	2	+ 0.5	:	430	brauchbar
			30.632		76.63	8.44				4n	
5188CD	OΣ 147	GΣ	30.169	06 30.9 +38 07	112.62	0.59	4	+ 0.7	:	580	sicher
		GΣ	32.255		109.16	0.50	4	+ 2.6	..	830	schwierig
5300AB	Σ 944	GΣ	30.153	06 37.0 +48 18	56.69	6.72	2	+ 3.8	:	430	brauchbar
			.185		56.09	6.36	2-3	+ 1.4	..	430	mittelmäßig
			30.169		56.39	6.54				2n	
		GΣ	31.223		54.74	6.66	4	+ 4.8	:	430	sicher
5323	Σ 949	GΣ	30.062	06 38.2 +05 45	288.66	3.25	2	+ 0.6	..	430	sicher
			.153		288.42	3.50	2-1	+ 0.3	..	430	mittelmäßig
			30.108		288.54	3.38				2n	
5328	Σ 953	GΣ	30.035	06 38.4 +09 02	330.77	7.18	1	+ 2.0	..	430	zweifelhaft
			.062		330.26	7.18	2-1	+ 0.8	:	430	sehr unruhig
			30.048		330.52	7.18				2n	

ADS	Name	Bb	Ep 1900+	1950.0 α	δ	p	s	Bd	t	Auge	Vgr	Bemerkungen
5364AB	Σ 956	GΣ	30.062 .188 30.125	$06^h40^m.1$	$+01^\circ46'$	$190^\circ.63$ 190.13 190.38	$5''.90$ 5.46 5.68	2 1-2	$+ 0^h.9$ + 0.2	: :	430 430 2n	sicher sehr schwierig
5364AC	Σ 956	GΣ	30.062 .188 30.125	06 40.1	+01 46	157.13 156.27 156.70	35.70 35.53 35.62	2 2-1	+ 1.1 + 0.4	: :	430 430 2n	sicher mittelmäßig
5555AB	Σ 977	GΣ	30.169 .185 31.223 30.526	06 51.6	+48 38	128.34 127.28 127.72 127.78	1.81 1.94 1.92 1.89	4 3 3	0 + 0.9 + 4.8	:	580 430 580 3n	sicher sicher brauchbar
5557	Σ 987	GΣ	30.254 31.217 .223 30.898	06 51.7	-05 47	168.29 168.39 169.42 168.70	1.58 1.39 1.50 1.49	2 4 4	+ 0.8 + 0.5 + 0.8	: : :	430 580 430 3n	mittelmäßig sicher sicher
5564	OΣ 161	GΣ	30.109 .188 32.124 .250 31.168	06 52.0	+21 38	170.92 170.58 171.49 170.26 170.81	20.23 20.26 20.33 --- 20.27	1 2-1 2 2-3	+ 1.4 + 0.5 + 0.5 + 1.9	: : : :	430 430 430 430 4n	schwierig Wolken sehr unruhig Wolken
5569	Σ 990	GΣ	31.242 .245 .248 31.245	06 52.1	-14 11	275.86 275.98 275.88 275.91	3.04 2.93 2.91 2.96	1 1 1	+ 0.9 + 1.0 + 1.1	.. .. ..	430 430 430 3n	zweifelhaft unsicher zweifelhaft
5572	Σ 986	GΣ	30.062 .109 30.086	06 52.2	+09 34	164.08 163.01 163.54	5.33 5.33 5.33	2 1-2	+ 1.9 + 1.7	: :	430 430 2n	brauchbar sehr unruhig
5582	Σ 979	GΣ	30.185 31.215 .223 30.874	06 52.9	+46 36	208.59 209.99 210.33 209.64	7.64 7.54 7.46 7.55	3 3-2 4-5	+ 0.7 - 0.1 + 3.1	: : :	430 430 430 3n	sicher brauchbar sicher
5583AB	Σ 983	GΣ	32.096 .124 32.110	06 52.9	+34 31	36.48 35.43 35.96	11.22 11.18 11.20	1 2	+ 2.7 + 0.8	: :	430 430 2n	unsicher brauchbar
5597	Σ 992	GΣ GΣ	30.254 31.206 .264 31.235	06 53.3	-09 25	299.20 299.43 299.66 299.54	13.94 13.70 13.79 13.74	2-1 1-2 2	+ 1.1 0 + 2.2	.. .. ..	430 430 430 2n	mittelmäßig brauchbar sicher
5646	Σ 1003	GΣ	30.218 .254 30.236	06 56.2	-09 06	321.50 320.87 321.18	3.97 3.92 3.94	3-2 2-1	+ 0.6 + 1.2	: ..	430 430 2n	sicher Wolken
5648	β 1060	GΣ	31.223 .253 .256 31.244	06 56.3	+03 40	60.42 58.20 55.62 58.08	3.45 --- 3.45 3.45	4-3 1-2 4	+ 1.1 + 2.4 + 2.0	.. .. :	430 430 430 3n	schwierig unsicher sicher
5653AB	Σ 996	GΣ	32.096 .116 32.106	06 56.7	+43 03	167.22 166.19 166.70	9.78 9.73 9.76	1 1	+ 3.1 + 1.2	.. :	430 430 2n	schwierig sehr schwierig
5653AC	Σ 996	GΣ	32.096 .116 32.106	06 56.7	+43 03	300.52 300.34 300.43	15.87 16.03 15.95	1 1	+ 3.5 + 1.6	: :	430 430 2n	sehr unruhig mittelmäßig
5689AB	OΣ 163	GΣ	30.169 .218 31.217 30.535	06 58.4	+11 51	330.74 330.72 327.38 329.61	0.48 0.55 0.47 0.50	4 2-3 4	+ 0.5 0 + 0.6	: : :	580 580 580 3n	sicher schwierig noch zu trennen
5689AC	OΣ 163	GΣ	30.169 .218 30.194	06 58.4	+11 51	162.53 161.28 161.90	14.38 14.40 14.39	3 2-3	+ 0.6 + 0.2	: :	580 430 2n	brauchbar schwierig

ADS	Name	Bb	Ep 1900+	1950.0 α	δ	p	s	Bd	t	Auge	Vgr	Bemerkungen
5693	Σ 1008	GΣ	30.062	$06^h58^m.5$	$+26^\circ40'$	$270^\circ.38$	$2''.34$	2	$+ 2^h.1$	..	430	sicher
			.254			271.22	2.36	2	+ 1.5	..	430	brauchbar
			30.158			270.80	2.35				2n	
5761	Σ 1016	GΣ	30.150	07 02.3	-11 27	149.70	5.59	1	+ 0.9	:	430	schlecht
			.251			148.04	5.30	2	+ 1.0	:	430	brauchbar
			30.200			148.87	5.44				2n	
5765	Σ 1013	GΣ	30.062	07 02.5	+36 08	41.52	4.50	1-2	+ 3.4	:	430	sehr unruhig
			.166			42.62	4.52	1	+ 3.4	:	430	unsicher
			.191			41.61	4.41	1-2	+ 0.5	:	430	unsicher
			.232			43.11	4.42	2	+ 4.1	:	430	sicher
			30.163			42.22	4.46				4n	
5766	Σ 1015	GΣ	30.150	07 02.5	-05 42	197.91	5.13	1	+ 1.1	:	430	schlecht
			.218			197.37	4.78	3-2	+ 0.7	:	430	recht sicher
			.251			198.25	4.97	2	+ 0.8	:	430	sicher
			30.206			197.84	4.96				3n	
5775	OΣ 164	GΣ	30.062	07 03.1	+24 56	53.59	11.98	2-1	+ 2.3	:	430	brauchbar
			.166			54.70	12.16	0	+ 2.7	..	430	nicht brauchbar
			.172			54.50	12.00	1-2	+ 0.3	..	430	sehr schwierig
			30.136			54.26	12.05				3n	
5817	Σ 1028	GΣ	30.218	07 05.9	-10 33	302.43	10.98	2	+ 1.0	..	430	
		GΣ	31.206			303.31	10.86	1	+ 0.1	..	430	ganz verwaschen
			.248			302.33	10.90	2	+ 1.5	..	430	brauchbar
			31.227			302.82	10.88				2n	
5821	Σ 1021	GΣ	30.062	07 06.2	+38 33	12.84	4.05	2	+ 2.7	:	430	brauchbar
			.166			12.23	4.21	0	+ 3.5	:	430	schlecht
			.191			12.22	4.42	1-2	0	:	430	zweifelhaft
			30.140			12.43	4.23				3n	
5834	Σ 1034	GΣ	30.218	07 07.0	-08 14	13.78	2.55	2	+ 0.8	:	430	mittelmäßig
			.251			14.23	2.36	2-3	+ 0.5	:	430	sicher
			30.234			14.00	2.46				2n	
5840	Σ 1020	GΣ	31.223	07 07.7	+57 36	284.25	13.22	2	+ 5.2	:	430	sehr unruhig
			.242			284.63	13.29	3	+ 7.1	..	430	sicher
			31.232			284.44	13.26				2n	
5882	Σ 1045	GΣ	30.109	07 10.2	-03 05	231.18	5.62	1-2	+ 2.0	:	430	sehr unruhig
			.172			228.63	5.66	1-2	+ 0.5	:	430	zweifelhaft
			31.206			230.39	5.87	1	+ 0.3	:	430	noch brauchbar
			.215			229.47	5.83	2-3	- 0.1	:	430	sicher
			30.676			229.92	5.74				4n	
5884	OΣ 167	GΣ	30.062	07 10.3	+32 14	159.07	5.20	2-1	+ 2.9	..	430	schwierig
			.147			159.75	5.31	1	+ 5.3	..	430	unsicher
			.191			159.18	5.14	1-2	+ 2.8	:	430	schwierig
			30.133			159.33	5.22				3n	
5910	Σ 1048	GΣ	30.109	07 11.6	+04 18	351.67	5.91	1-2	+ 1.8	:	430	brauchbar
			.218			350.43	5.57	2-1	+ 1.1	:	430	mittelmäßig
			30.164			351.05	5.74				2n	
5913	Σ 1046	GΣ	30.150	07 11.8	+14 38	235.84	10.32	1	+ 1.3	:	430	sehr schwierig
			.254			236.44	10.36	2	+ 1.5	:	430	zweifelhaft
			30.202			236.14	10.34				2n	
5921AB	Σ 1042	GΣ	31.242	07 12.4	+42 14	41.63	11.80	2-1	+ 7.2	:	430	ganz unsicher
			.267			42.03	11.89	1	+ 2.1	:	430	schlecht
			31.254			41.83	11.84				2n	
5933	β 1268	GΣ	30.218	07 12.8	-00 04	310.71	4.44	2-1	+ 1.8	:	430	zweifelhaft
			31.253			309.03	3.99	2	+ 1.7	:	430	zweifelhaft
			.256			306.80	4.00	4-3	+ 1.4	..	430	sicher
			30.909			308.85	4.14				3n	
5944AB	Σ 1060	GΣ	31.242	07 13.7	-09 11	25.72	6.86	2-1	+ 0.9	:	430	schwierig
			.245			25.37	7.02	1	+ 1.0	:	430	ganz zweifelhaft
			.248			24.37	6.89	2-1	+ 1.2	:	430	recht brauchbar
			31.245			25.15	6.92				3n	

ADS	Name	Bb	Ep 1900+	1950.0 α δ	p	s	Bd	t	Auge	Vgr	Bemerkungen
5945	Σ 1053	GΣ	30.109 .150 30.130	$07^h13^m.8$ +24°38'	312°.74 313.13 312.94	13".83 14.10 13.96	2-1 1	+ $2^h.8$ + 1.6	.. :	430 430 2n	recht sicher brauchbar
5961	Σ 1061	GΣ	30.161 .254 30.208	07 15.2 +16 38	32.56 32.23 32.40	9.56 9.62 9.58	1-2 1-2	+ 2.5 + 1.7	: :	430 430 2n	mittelmäßig schwierig
5992	Ho 242	GΣ	30.218 31.253 30.736	07 17.6 -04 54	63.26 63.31 63.28	4.77 4.67 4.72	2 2-3	+ 1.5 + 1.2	: :	430 430 2n	mittelmäßig sicher
6002	Σ 1073	GΣ	30.109 .161 30.135	07 18.3 +10 17	66.85 67.12 66.98	8.74 8.66 8.70	1-2 2-1	+ 2.3 + 2.2	: :	430 430 2n	mittelmäßig mittelmäßig
6007	Σ 1077	GΣ	30.218 .254 30.236	07 18.4 -00 35	318.56 319.31 318.94	5.28 5.64 5.46	2 1-2	+ 1.3 + 2.0	: :	430 430 2n	sicher zweifelhaft
6028AB	Σ 1051	GΣ	30.459 .459 30.459	07 20.6 +73 10	281.74 281.53 281.64	1.24 1.14 1.19	2 2-1	+ 8.0 + 8.5	.. ..	580 430 2n	schwer zu trennen mittelmäßig
6028AC	Σ 1051	GΣ	30.459	07 20.6 +73 10	82.02	31.26	2-3	+ 8.2	:	430	brauchbar
6038AB	Σ 1081	GΣ	30.155 .169 30.162	07 21.2 +21 33	228.38 227.15 227.76	1.81 1.68 1.74	2-3 3	+ 2.8 + 2.7	: :	430 430 2n	sicher sicher
6116	Σ 1101	GΣ	31.228 .237 .242 .264 31.243	07 26.4 -13 43	88.71 88.86 89.19 88.50 88.82	6.36 6.43 6.44 6.42 6.41	2-1 1-2 2-1 2	+ 0.2 + 0.5 + 1.1 + 1.4	.. ..	430 430 430 430 4n	sehr unruhig Wolken sehr verwaschen sicher
6135AB	Σ 1102	GΣ	30.109 .147 30.128	07 27.6 +13 58	46.10 46.48 46.29	7.83 7.54 7.68	2-1 1-2	+ 3.1 + 1.3	: :	430 430 2n	mittelmäßig mittelmäßig
6140	Σ 1103	GΣ	30.109 .147 30.128	07 27.9 +05 22	241.67 241.81 241.74	4.36 4.34 4.35	1-2 2-1	+ 2.8 + 1.0	: :	430 430 2n	sehr unruhig mittelmäßig
6164	Σ 1115	GΣ	31.253 .256 31.254	07 30.2 -12 46	139.39 138.91 139.15	12.44 12.49 12.46	3-4 4	+ 0.6 + 0.8	: :	430 430 2n	sicher sicher
6172	Σ 1114	GΣ	31.161 .185 .232 31.193	07 31.0 +09 24	53.16 54.00 54.77 53.98	6.44 6.66 6.91 6.70	2-1 1-2 2	+ 1.7 + 2.5 + 3.3	: : :	430 430 430 3n	mittelmäßig ganz unsicher sicher
		GΣ	32.170 .236 32.203		53.86 53.25 53.56	6.74 6.62 6.68	1 2	+ 3.6 + 0.9	: :	430 430 2n	zerplatzende Bilder mittelmäßig
6180	Σ 1116	GΣ	30.109 .155 30.132	07 31.8 +12 25	102.15 103.51 102.83	1.92 1.92 1.92	2-1 2	+ 3.6 + 2.5	.. ..	430 430 2n	brauchbar sicher
6202	Σ 1117	GΣ	30.147 .150 30.148	07 33.4 +35 30	227.25 226.19 226.72	11.62 11.64 11.63	1-2 1	+ 4.8 + 5.0	: :	430 430 2n	sehr unruhig schwierig
6230	Σ 1119	GΣ	30.062 .109 30.085	07 35.3 +33 49	351.27 351.16 351.22	3.03 2.96 3.00	2-1 2-3	+ 3.1 + 3.8	: :	430 430 2n	mittelmäßig recht sicher
6283	Σ 1107	GΣ	30.443 .459 30.451	07 38.7 +75 55	206.08 209.64 207.86	1.33 1.49 1.41	2-3 2-1	+ 9.9 + 8.5	: :	580 430 2n	brauchbar ganz unsicher

ADS	Name	Bb	Ep 1900+	1950.0 α	δ	p	s	Bd	t	Auge	Vgr	Bemerkungen
6312	Es 1082	GΣ	30.070	07h40m.4	+49°41'	318°.46	5".57	2	+ 1h.2	..	430	sicher
			.147			317.67	5.54	1	+ 5.2	..	430	schlecht
			.254			317.76	5.49	2-1	+ 1.8	..	430	mittelmäßig
			30.157			317.96	5.53				3n	
6349	Ho 347	GΣ	32.124	07 43.4	+17 08	279.68	15.35	2-1	+ 0.4	..	430	zweifelhaft
			.236			280.35	15.03	2	+ 0.3	..	430	brauchbar
			32.180			280.02	15.19				2n	
6363	OΣ 180	GΣ	31.223	07 44.3	+59 13	204.39	16.41	1	+ 5.3	:	430	ganz unsicher
			.242			204.39	17.02	2-3	+ 6.1	:	430	sicher
			.248			203.79	16.87	1	+ 6.4	:	430	sehr schwierig
			31.238			204.19	16.77				3n	
6382	Σ 1144	GΣ	30.062	07 45.9	+28 42	357.62	8.03	1-2	+ 3.2	:	430	mittelmäßig
			.109			356.94	7.98	2	+ 3.9	:	430	sicher
			30.086			357.28	8.00				2n	
6401	Σ 1145	GΣ	30.336	07 48.0	+38 57	50.42	1.36	3-4	+ 3.6	:	580	sicher
			31.217			49.16	1.32	5	+ 0.1	:	580	ausgezeichnet
			30.776			49.79	1.34				2n	
6440	OΣ 183	GΣ	31.253	07 51.1	+16 10	24.95	16.07	1-2	+ 1.7	:	430	mittelmäßig
		GΣ	32.096			26.49	16.00	1	+ 3.1	:	430	schwierig
			.170			24.79	15.94	1	+ 2.8	:	430	unsicher
			32.133			25.64	15.97				2n	
6472AB	Σ 1158	GΣ	30.062	07 53.6	+22 01	332.72	7.45	2-1	+ 3.5	..	430	schlecht
			.144			335.28	7.21	2-1	+ 2.4	:	430	zweifelhaft
			30.103			334.00	7.33				2n	
		GΣ	32.096			334.10	7.60	1-2	+ 3.4	:	430	ganz verwaschen
			.110			333.00	7.52	1	+ 2.4	:	430	ganz verwaschen
			32.103			333.55	7.56				2n	
6482	Σ 1162	GΣ	30.150	07 54.6	+13 21	326.74	9.21	1	+ 3.8	..	430	sehr schwierig
			.155			325.88	9.02	2-3	+ 2.5	..	430	sicher
			30.152			326.31	9.12				2n	
6492	Σ 1168	GΣ	30.161	07 56.1	+05 46	216.30	5.91	1-2	+ 1.0	:	430	schwierig
			.169			216.72	5.88	2	+ 2.4	:	430	schwierig
			30.165			216.51	5.90				2n	
6516AB	Σ 1165	GΣ	31.217	07 58.2	+54 46	279.78	0.62	4-5	+ 0.1	:	580	sicher
			32.255			281.34	0.60	4	+ 1.4	:	830	noch meßbar
			31.736			280.56	0.61				2n	
6519	Σ 1173	GΣ	30.150	07 58.5	+17 05	50.80	10.02	1	+ 4.1	:	430	sehr schwierig
			.191			51.02	10.14	2-1	+ 2.4	:	430	mittelmäßig
			30.170			50.91	10.08				2n	
6553	Σ 1178	GΣ	31.228	08 01.1	-13 04	328.68	5.21	1	- 0.1	:	430	schlecht
			.242			327.66	5.10	2-1	+ 0.3	:	430	brauchbar
			.264			329.05	5.03	2-1	+ 0.6	:	430	brauchbar
			31.245			328.46	5.11				3n	
6571	Σ 1182	GΣ	30.185	08 02.8	+05 58	72.36	4.64	2-1	+ 2.2	:	430	brauchbar
			.311			72.52	4.58	2	+ 2.0	:	430	mittelmäßig
			30.248			72.44	4.61				2n	
6617AB	Σ 1190	GΣ	31.228	08 06.1	-02 50	105.40	32.53	1	+ 0.1	..	430	zerplatzende Bilder
			32.124			104.82	32.27	2	+ 0.4	..	430	
			31.676			105.11	32.40				2n	
6617AC	Σ 1190	GΣ	31.228	08 06.1	-02 50	246.01	66.13	1	+ 0.3	:	430	
			32.124			245.64	66.16	2	+ 0.8	:	430	mittelmäßig
			31.676			245.82	66.14				2n	
6637	Σ 1191	GΣ	30.062	08 07.9	+19 11	72.01	3.03	1	+ 3.5	:	430	ganz unsicher
			.191			73.01	3.46	2-1	+ 2.6	:	430	sehr verwaschen
			.311			74.42	3.19	2	+ 2.1	..	430	mittelmäßig
			30.155			73.15	3.23				3n	

ADS	Name	Bb	Ep 1900+	1950.0 α δ	p	s	Bd	t	Auge	Vgr	Bemerkungen
6638	Σ 1194	GΣ	30.325	08h07m.9 +02°04'	318°.04	3".08	2	+ 3h.1	..	430	sicher
			.328		317.92	3.14	1	+ 2.5	..	430	zweifelhaft
			.333		318.64	3.20	3-4	+ 3.0	..	430	brauchbar
			30.329		318.20	3.14				3n	
6652AB	Σ 1195	GΣ	31.248	08 09.5 +30 37	332.18	8.74	2-1	+ 5.2	..	430	brauchbar
			.250		331.31	8.80	1-2	+ 4.5	..	430	brauchbar
			32.247		332.23	---	1	+ 3.2	..	430	Wolken
			31.582		331.90	8.77				3n	
6652AC	Ho 643	GΣ	31.248	08 09.5 +30 37	150.12	22.46	1-2	+ 5.4	..	430	zweifelhaft
6687	Σ 1206	GΣ	30.328	08 12.0 +07 20	198.76	12.51	1	+ 2.7	:	430	schlecht
			.333		199.44	12.23	4-3	+ 2.7	:	430	sicher
			30.330		199.10	12.37				2n	
6736	OΣ 188	GΣ	30.128	08 16.2 +74 59	194.85	10.40	3-4	+ 6.3	:	430	
			.443		193.16	10.59	4-3	+ 9.7	:	430	
			.459		193.90	10.47	2-1	+ 8.1	:	430	brauchbar
			30.343		193.97	10.49				3n	
6744A-BC	β 1320	GΣ	31.176	08 17.2 +17 10	1.16	4.89	1	+ 3.5	:	430	zweifelhaft
			.245		1.86	5.45	1	+ 0.1	:	430	starker Dunst
			.313		0.14	4.79	1	+ 2.0	:	430	ganz unsicher
			31.245		1.05	5.04				3n	
		GΣ	32.110		1.35	5.03	1	+ 2.3	:	430	schlecht
			.170		0.39	4.89	1-2	+ 1.5	:	430	mittelmäßig
			32.140		0.87	4.96				2n	
6781	Σ 1218	GΣ	30.109	08 20.5 +23 21	265.88	4.29	3	+ 3.7	:	430	sicher
			.128		267.94	4.33	2	+ 4.4	:	430	sicher
			30.118		266.91	4.31				2n	
6783	Σ 1217	GΣ	30.150	08 20.8 +45 07	241.52	29.54	1-2	+ 5.2	:	430	mittelmäßig
			.325		241.86	29.43	2	+ 3.4	:	430	Wolken
			30.238		241.69	29.48				2n	
6880	Σ 1242	GΣ	30.128	08 32.5 +47 18	173.02	2.61	2	+ 5.0	:	430	sicher
			.155		172.29	2.72	2	+ 4.2	..	430	brauchbar
			30.142		172.66	2.66				2n	
6885	Σ 1246	GΣ	30.185	08 33.2 +10 05	114.44	10.50	1	+ 2.2	..	430	ganz unsicher
			.191		114.73	10.54	1-2	+ 2.4	..	430	zweifelhaft
			.322		114.96	10.35	3-2	+ 2.2	..	430	sicher
			30.233		114.71	10.46				3n	
		GΣ	32.170		115.33	10.58	1-2	+ 0.9	..	430	brauchbar
6905	Σ 1251	GΣ	30.128	08 36.5 +41 28	29.44	6.59	2-1	+ 4.5	:	430	brauchbar
			.147		29.84	6.44	1	+ 4.7	:	430	Wolken
			30.138		29.64	6.51				2n	
6934	Σ 1262	GΣ	30.051	08 39.0 +23 59	199.76	6.84	2	- 1.5	:	430	Wolken
			.128		201.12	7.04	2-1	+ 3.6	:	430	mittelmäßig
			31.250		200.91	6.98	1-2	+ 3.8	:	430	sehr unruhig
			30.476		200.60	6.95				3n	
		GΣ	32.170		199.85	7.03	1-2	+ 1.6	:	430	sehr verwaschen
7147	Σ 1301	GΣ	30.150	08 59.0 +26 24	358.50	10.09	1	+ 4.0	:	430	schwierig
			.281		359.47	---	3	+ 3.0	:	430	Wolken
			.317		358.90	10.10	2	+ 1.6	:	430	Wolken
			30.249		358.96	10.10				3n	
7241	Σ 1320	GΣ	30.128	09 10.1 +42 32	215.98	11.98	2-3	+ 4.6	:	430	sicher
			.150		215.66	11.98	1-2	+ 4.7	:	430	brauchbar
			30.139		215.81	11.98				2n	
7393	Σ 1357	GΣ	31.231	09 25.9 -09 46	52.76	7.52	1-2	+ 1.0	:	430	sehr unruhig
			.264		53.32	7.46	2	- 0.1	:	430	sicher
			31.248		53.04	7.49				2n	
7432	Σ 1363	GΣ	30.443	09 31.5 +61 07	355.22	10.66	4-3	+ 8.8	:	430	sicher
			.462		356.39	10.81	1	+ 6.8	..	430	sehr unruhig
			.464		353.84	10.78	2-1	+ 7.3	:	430	sehr wechselnd
			30.456		355.15	10.75				3n	

ADS	Name	Bb	Ep 1900+	1950.0 α	δ	p	s	Bd	t	Auge	Vgr	Bemerkungen
7489	OΣ 205	GΣ	30.128	$09^h39^m.4$	$+41°12'$	199°.77	11".88	2-1	+ $4^h.5$	:	430	schwierig
			.464			199.42	12.27	1	+ 6.1	:	430	ganz unsicher
			.473			200.36	12.05	3	+ 7.0	:	580	sicher
			30.355			199.85	12.07				3n	
7531	Σ 1384	GΣ	30.462	09 47.2	+16 34	181.58	11.73	1-2	+ 5.8	:	430	ganz unsicher
			31.176			181.44	11.95	1	+ 2.5	:	430	ganz zweifelhaft
			.217			181.65	12.07	3-2	+ 2.5	:	430	Dunst
			.231			180.77	11.90	2	+ 0.4	:	430	mittelmäßig
			31.022			181.36	11.91				4n	
7583	Σ 1380	GΣ	30.325	09 53.6	+80 37	25.52	1.74	2-1	+ 1.0	:	580	mittelmäßig
			.443			27.38	1.77	4-3	+ 7.3	:	430	recht sicher
			.459			26.54	2.12	2-1	+ 6.8	:	430	sehr schwierig u. unsicher
			.489			27.48	1.86	1-2	+ 6.1	:	430	mittelmäßig
			30.429			26.75	1.88				4n	
7712	OΣ 523	GΣ	31.165	10 14.5	+23 22	298.25	7.37	1	+ 3.1	..	430	mittelmäßig
			.171			298.20	7.27	0	+ 3.6	..	430	ganz unsicher
			.242			297.05	7.24	1	+ 4.5	..	430	kaum brauchbar
			.248			297.27	7.29	1-2	+ 2.7	:	430	zweifelhaft
			31.206			297.69	7.29				4n	
7825	Σ 1445	GΣ	30.418	10 30.5	-00 36	164.43	2.98	1-2	+ 1.0	:	430	ganz unsicher
			31.165			160.35	2.99	1-2	+ 3.7	:	430	schwierig
			.217			157.06	---	2-3	+ 2.6	:	430	starker Dunst
			.248			161.87	2.81	1-2	+ 2.2	:	430	zweifelhaft
			31.012			160.68	2.93				4n	
7855	OΣ 222	GΣ	29.411	10 35.1	+60 24	340.80	4.26	3-2	+ 4.1	..	430	sicher
			.460			338.61	4.39	2-1	+ 5.1	..	430	schwierig
			29.436			339.70	4.32				2n	
7880	OΣ 226	GΣ	30.426	10 37.9	+41 48	60.89	18.12	2-1	+ 5.5	:	430	brauchbar
			.464			60.96	18.32	2-1	+ 5.8	:	430	sehr schwierig
			30.445			60.92	18.22				2n	
7885AB	Σ 1464	GΣ	29.309	10 38.6	-00 01	301.90	5.36	2	+ 1.0	..	430	brauchbar
			.317			301.58	5.39	1-2	+ 1.9	..	430	mittelmäßig
			.337			302.11	5.40	1-2	+ 2.1	..	430	schwierig
			29.321			301.86	5.38				3n	
7951	Σ 1471	GΣ	29.411	10 49.3	+80 04	3.06	2.04	2-3	+ 5.0	..	430	schwierig
			.846			3.05	2.18	1-2	+ 9.6	:	430	noch getrennt
			29.628			3.06	2.11				2n	
7971	Σ 1483	GΣ	29.337	10 51.6	+47 46	66.77	3.07	1-2	+ 2.7	:	430	sehr schwierig
			.411			65.38	2.89	3	+ 3.2	:	430	sicher
			29.374			66.08	2.98				2n	
7983	Σ 1488	GΣ	30.426	10 53.8	+52 27	214.55	19.98	2-1	+ 4.9	:	430	brauchbar
			.451			214.32	19.96	2	+ 5.7	:	430	brauchbar
			30.438			214.44	19.97				2n	
7994	Σ 1491	GΣ	29.411	10 55.7	+61 59	32.29	13.84	2	+ 4.1	:	430	schwierig
			.460			32.95	13.84	2	+ 5.1	:	430	sicher
			29.436			32.62	13.84				2n	
8023	Σ 1501	GΣ	29.411	10 59.6	+31 06	184.88	1.70	3-2	+ 3.5	:	430	sicher
			.460			186.62	1.86	2	+ 5.4	:	430	unsicher
			30.336			187.38	1.66	4	+ 0.2	:	430	sicher
			29.736			186.29	1.74				3n	
8024	Σ 1503	GΣ	29.317	10 59.6	+10 10	270.15	11.61	1-2	+ 1.9	..	430	ganz unsicher
			.337			269.50	11.26	1-2	+ 2.1	..	430	zweifelhaft
			29.327			269.82	11.44				2n	
		GΣ	30.426			269.60	11.42	2	+ 3.3	..	430	recht sicher
			.462			269.05	11.54	2	+ 4.2	..	430	mittelmäßig
			30.444			269.32	11.48				2n	
8048A-BC	Σ 1506	GΣ	30.355	11 02.2	-03 57	217.15	11.26	2-1	+ 0.9	:	430	mittelmäßig
			.382			217.79	11.25	1-2	+ 2.3	:	430	schwierig
			30.368			217.47	11.26				2n	

ADS	Name	Bb	Ep 1900+	1950.0 α δ	p	s	Bd	t	Auge	Vgr	Bemerkungen
8084	Σ 1514	GΣ	30.432	$11^h08^m.1$ $+66°23'$	$341°.14$	$1''.23$	5	$+ 3^h.6$	..	580	ausgezeichnet
			.443		341.94	1.18	4	+ 4.2	..	580	sicher
			30.438		341.54	1.20				2n	
8144	Σ 1535	GΣ	30.388	11 20.4 +01 12	59.85	10.84	2-1	+ 3.0	:	430	unsicher
			.393		59.41	10.45	2-3	+ 2.3	:	430	unsicher
			.418		60.17	10.42	1-2	+ 3.6	:	430	unsicher
			30.400		59.81	10.57				3n	
		GΣ	31.248		59.87	10.55	2	+ 0.9	:	430	brauchbar
			32.170		59.15	10.67	0	+ 0.2	:	430	unsicher
			31.709		59.51	10.61				2n	
8190	Σ 3072	GΣ	30.388	11 28.3 -06 27	330.87	9.50	2	+ 2.5	:	430	mittelmäßig
			.393		330.91	9.59	2-3	+ 1.8	:	430	sicher
			30.390		330.89	9.54				2n	
8224	Σ 1551	GΣ	29.421	11 32.4 +71 05	110.72	6.70	2	+ 3.9	:	430	sicher
			.482		110.60	6.58	2	+ 5.6	:	430	recht sicher
			29.452		110.66	6.64				2n	
8253	Σ 1563	GΣ	30.418	11 36.7 +52 28	157.75	13.78	2	+ 4.3	..	430	brauchbar
			.451		157.88	13.72	2	+ 4.5	..	430	mittelmäßig
			.454		157.73	13.83	2-1	+ 5.1	..	430	brauchbar
			30.441		157.79	13.78				3n	
8265	Σ 3073	GΣ	31.231	11 38.3 -08 34	57.44	13.84	1-2	+ 2.1	:	430	mittelmäßig
			.248		58.54	13.71	1-2	+ 0.3	:	430	schwierig
			31.240		57.99	13.78				2n	
8310	Σ 3074	GΣ	29.309	11 45.4 -08 21	301.70	10.74	3	+ 0.7	..	430	sicher
			30.355		302.64	10.86	2	+ 0.3	..	430	mittelmäßig
			31.231		302.46	10.84	2	+ 2.2	..	430	recht sicher
			.248		301.83	10.94	2	+ 0.6	..	430	brauchbar
			30.305		302.16	10.84				4n	
8321	Σ 1574	GΣ	29.411	11 48.6 +44 22	6.29	9.14	3	+ 4.9	:	430	sicher
			.482		6.62	9.34	2-1	+ 4.7	:	430	mittelmäßig
			29.446		6.46	9.24				2n	
8334	Σ 1577	GΣ	29.309	11 50.8 +20 36	9.85	8.50	3	+ 1.1	:	430	starker Dunst
			.345		10.76	8.40	1	+ 1.9	:	430	ganz unsicher
			.444		10.30	8.40	1-2	+ 3.3	:	430	schwierig
			29.366		10.30	8.43				3n	
8335	Σ 1578	GΣ	29.309	11 50.8 +03 57	163.67	3.05	2-3	+ 0.4	:	430	brauchbar
			30.418		164.07	3.07	1-2	+ 2.6	:	430	sehr schwierig
			32.162		164.36	3.07	2	+ 1.4	:	430	mittelmäßig
			30.630		164.03	3.06				3n	
8338	OΣ 240	GΣ	29.411	11 51.0 +43 12	318.28	8.62	3-2	+ 4.6	..	430	sicher
			.482		317.46	8.56	2	+ 4.3	..	430	brauchbar
			29.446		317.87	8.59				2n	
8354	Σ 1581	GΣ	29.411	11 53.5 +45 49	171.84	2.28	2	+ 4.3	..	430	sicher
			.482		172.80	2.37	2	+ 4.8	..	430	sicher
			29.446		172.32	2.32				2n	
8356	Σ 1585	GΣ	29.411	11 54.1 +41 10	105.60	5.47	2-3	+ 5.1	..	430	sicher
			.460		107.34	5.41	2	+ 4.7	..	430	Wolken
			29.436		106.51	5.44				2n	
8357	Σ 3076	GΣ	29.309	11 54.1 -04 57	53.24	5.82	2-3	+ 0.1	..	430	sicher
			30.382		52.86	6.02	1	+ 1.0	:	430	zweifelhaft
			29.846		53.05	5.92				2n	
8378	OΣ 243	GΣ	29.411	11 57.2 +53 41	8.68	1.05	3	+ 5.7	:	430	schwierig
			30.393		8.02	1.07	2	+ 2.1	..	430	Wolken
			.432		7.61	1.04	5	+ 2.5	..	580	ausgezeichnet
			.443		8.08	1.10	4-5	+ 3.6	:	580	sicher
			30.170		8.10	1.06				4n	
8452	Σ 3080	GΣ	30.142	12 09.0 -13 25	200.36	4.71	2-1	+ 1.9	:	430	sehr unruhig
			.410		200.65	4.73	1-2	+ 1.7	:	430	ganz verwaschen
			30.276		200.50	4.72				2n	

ADS	Name	Bb	Ep 1900+	1950.0 α δ	p	s	Bd	t	Auge	Vgr	Bemerkungen
8501	OΣ 245	GΣ	29.405	$12^h15^m.0$ $+29^\circ13$	277°.89	8".54	3	+ 2ʰ.7	..	580	sicher
			.444		279.30	8.33	1-2	+ 3.2	..	430	sehr unruhig
			29.424		278.60	8.44				2n	
8512	Σ 1631	GΣ	30.410	12 17.5 -13 50	282.67	15.20	1-2	+ 1.9	..	430	ganz verwaschen
			.423		282.75	15.35	2	+ 2.3	..	430	zweifelhaft
			.426		283.51	15.32	2-1	+ 2.3	..	430	brauchbar
			30.420		282.98	15.29				3n	
8520	Σ 1634	GΣ	29.307	12 18.2 +23 12	146.84	5.30	2	+ 1.3	:	430	sicher
			.309		147.32	5.27	2-3	+ 1.9	..	430	sicher
			31.311		148.18	5.33	2-1	+ 1.2	:	430	brauchbar
			29.976		147.45	5.30				3n	
8541	Σ 1641	GΣ	29.405	12 22.1 +38 00	29.67	11.46	3	+ 2.9	:	580	sicher
			.411		29.41	11.55	3	+ 4.9	:	430	sicher
			29.408		29.54	11.50				2n	
8586	Σ 1651	GΣ	29.307	12 29.2 +27 18	215.21	6.85	2	+ 1.4	:	430	sicher
			.309		216.10	6.81	2-3	+ 1.3	:	430	schwierig
			.337		215.19	6.93	2-1	+ 1.5	:	430	brauchbar
			29.318		215.50	6.86				3n	
8616	Σ 1666	GΣ	29.400	12 36.6 +14 36	190.62	7.31	2	+ 1.2	:	430	brauchbar
			.405		190.87	7.42	3	+ 1.7	:	580	sicher
			29.402		190.74	7.36				2n	
8620AB	Σ 1667	GΣ	29.742	12 37.4 +64 57	40.94	1.22	4-3	+ 6.8	:	830	sicher
			.742		39.27	1.16	4	+ 7.0	:	580	sicher
			30.432		40.20	1.16	4-5	+ 2.3	:	580	ausgezeichnet
			.443		39.67	1.21	4-5	+ 3.2	:	580	ausgezeichnet
			30.090		40.02	1.19				4n	
8649	OΣ 253	GΣ	29.307	12 41.5 +21 27	236.04	6.45	3-2	+ 1.5	:	430	sicher
			.337		235.23	---	1	+ 1.6	:	430	ganz unsicher
			.405		236.43	6.63	3-2	+ 1.9	:	580	sicher
			29.350		235.90	6.54				3n	
8662	OΣ 255	GΣ	30.418	12 43.7 +02 44	342.36	18.38	1-2	+ 2.6	:	430	brauchbar
			.426		342.74	18.40	1-2	+ 2.2	:	430	brauchbar
			.454		343.00	18.73	1-2	+ 3.5	:	430	sehr schwierig
			30.433		342.70	18.50				3n	
8666	AG 181	GΣ	30.473	12 44.9 +34 13	341.20	2.00	3	+ 3.7	:	580	sicher
			.497		340.05	1.99	2-1	+ 3.6	..	430	mittelmäßig
			31.248		341.62	1.96	2-1	+ 1.8	:	430	brauchbar
			.311		343.06	2.17	2	+ 1.1	:	430	brauchbar
			30.882		341.48	2.03				4n	
8716	Σ 1696	GΣ	29.307	12 55.0 +30 38	202.28	3.71	3-2	+ 1.5	:	430	sicher
			.309		201.37	3.63	3	+ 0.3	:	430	sicher
			29.308		201.82	3.67				2n	
8722	Σ 1700	GΣ	29.307	12 56.3 +27 23	82.96	7.30	2	+ 1.8	..	430	sicher
			.319		83.38	7.30	3	+ 0.6	..	430	sicher
			29.313		83.17	7.30				2n	
8723	Σ 1703	GΣ	29.446	12 56.6 +08 10	275.90	14.59	1-2	+ 2.6	..	430	schwierig
			.496		276.60	14.83	2	+ 3.4	..	430	Wolken
			29.471		276.25	14.71				2n	
		GΣ	30.423		276.06	14.41	1	+ 2.8	..	430	schwierig
			.465		275.69	14.61	2-3	+ 2.6	..	430	sicher
			30.444		275.88	14.51				2n	
8727	Σ 1704	GΣ	30.423	12 57.1 -03 33	53.19	20.74	2	+ 2.0	:	430	sehr unruhig
			.426		53.19	20.66	1-2	+ 2.5	:	430	brauchbar
			30.424		53.19	20.70				2n	
8732AB	AGC 5	GΣ	30.432	12 58.0 -03 06	161.40	1.36	4-3	+ 2.3	:	580	sehr schwierig
			.443		163.09	1.37	3-2	+ 3.2	:	580	zweifelhaft
			30.438		162.24	1.36				2n	
8732AC	AGC 5	GΣ	30.432	12 58.0 -03 06	122.17	36.39	3	+ 2.6		430	brauchbar

ADS	Name	Bb	Ep 1900+	1950.0 α δ	p	s	Bd	t	Auge	Vgr	Bemerkungen
8740	Σ 1707	GΣ	29.309 .400 29.354	12h58m.8 +16°08'	35°.97 35.27 35.62	9".04 9.14 9.09	3 2	+ 1.8 + 0.6	: :	430 430 2n	sicher sicher
8749	Σ 1709	GΣ	29.307 .309 29.308	13 00.1 +23 46	250.31 249.69 250.00	2.55 2.38 2.46	2-3 4-3	+ 2.0 + 1.4	.. :	430 430 2n	sicher sicher
8821	Σ 1732	GΣ	29.739 .742 29.740	13 10.6 +58 43	127.35 126.79 127.07	26.19 25.98 26.08	2 5	+ 6.5 + 5.8	.. ..	430 430 2n	sehr unruhig sehr sicher
8895AB	OΣ 265	GΣ	29.400 .444 .452 29.432	13 22.7 +01 07	280.95 281.42 281.83 281.40	22.56 ---- 22.46 22.51	2-1 1 1-2	+ 1.7 + 2.5 + 2.3	.. .. ..	430 430 430 3n	schwierig unsicher zweifelhaft
8919AB	Σ 1752	GΣ	29.291 .739 .742 29.591	13 27.0 +60 11	134.71 134.15 134.57 134.48	1.78 1.43 1.27 1.49	2-1 2-3 4	+ 3.6 + 6.0 + 5.8	:	580 580 830 3n	Wolken sehr unruhig sicher
8924	Σ 1750	GΣ	30.142 .407 30.274	13 27.8 -06 13	16.90 17.40 17.15	29.46 29.40 29.43	2-1 1-2	+ 1.0 + 1.7	: :	430 430 2n	mittelmäßig mittelmäßig
8944	Σ 1759	GΣ	29.309 .386 29.348	13 31.4 +27 42	152.90 152.75 152.82	9.92 9.96 9.94	4-3 2	+ 1.6 + 2.5	.. ..	430 430 2n	sicher recht sicher
8971	Σ 1762	GΣ	29.400 .449 29.424	13 34.9 -10 32	280.61 280.63 280.62	4.61 4.45 4.53	2 2-3	+ 0.8 + 1.3	.. ..	430 430 2n	sicher sicher
8976	Σ 1771	GΣ	29.298 .400 29.349	13 35.4 +70 02	77.93 76.58 77.26	2.07 1.92 2.00	2-1 2	+ 3.1 + 5.1	: :	580 430 2n	sehr wechselnd sicher
9004	Σ 3081	GΣ	29.397 .400 .452 29.416	13 41.4 -11 35	67.74 66.05 65.54 66.44	2.31 2.08 2.04 2.14	1-2 2-1 1-2	+ 1.6 + 1.0 + 1.6	: .. :	430 430 580 3n	ganz unsicher brauchbar ganz zweifelhaft
9007	Σ 1779	GΣ	29.298 .307 30.377 .407 29.847	13 42.2 +23 54	145.62 145.10 145.48 147.50 145.92	3.93 3.60 3.67 3.78 3.74	2 2 2-3 2-1	+ 2.6 + 1.8 + 3.7 + 1.8	: : .. :	580 430 430 430 4n	zweifelhaft sicher sicher mittelmäßig
9058	Σ 1790	GΣ	29.397 .400 29.398	13 53.5 -04 23	241.49 241.00 241.24	5.58 5.60 5.59	2-1 2	+ 1.1 + 0.3	.. :	430 430 2n	mittelmäßig sehr unruhig
9066	Σ 1792	GΣ	29.309 .386 .391 29.362	13 54.6 +12 42	289.77 291.86 293.42 291.68	1.86 2.12 2.18 2.05	3-4 2-1 2-3	+ 1.6 + 1.4 + 1.0	.. .. ..	430 580 430 3n	schwierig mittelmäßig sicher
9114	Σ 1887	GΣ	29.739 .790 .810 29.780	14 05.2 +87 39	228.55 228.57 229.25 228.79	3.24 3.39 3.38 3.34	3-2 2-1 2-3	+ 6.7 + 7.3 + 5.9	: : ..	430 430 430 3n	mittelmäßig zweifelhaft sicher
9127	OΣ 275	GΣ	29.391 .397 29.394	14 06.7 +07 37	354.70 353.82 354.26	4.93 4.82 4.88	2 2	+ 2.0 + 1.6	: :	430 430 2n	sehr schwierig mittelmäßig
9150	Σ 1810	GΣ	29.307 .309 31.401 30.006	14 09.3 +28 16	178.11 179.59 177.24 178.31	2.14 2.17 2.15 2.15	2-1 4 1-2	+ 1.6 + 1.6 + 1.8	: : :	430 430 430 3n	brauchbar sicher mittelmäßig

ADS	Name	Bb	Ep 1900+	1950.0 α	δ	p	s	Bd	t	Auge	Vgr	Bemerkungen
9179	Σ 1818	GΣ	29.307	$14^h12^m.2$	$+34°10'$	$329°.61$	$5''.34$	2	$+ 1^h.8$	..	430	mittelmäßig
			.356			328.86	5.31	2-3	+ 2.6	..	430	sicher
			29.332			329.24	5.32				2n	
9202	Σ 1828	GΣ	29.309	14 14.7	+24 25	160.24	1.91	3-2	+ 1.6	:	580	sicher
			.356			160.32	2.15	2	+ 1.7	:	580	mittelmäßig
			29.332			160.28	2.03				2n	
9222	Σ 3083	GΣ	29.356	14 17.4	+23 44	231.36	4.66	2-3	+ 1.9	:	430	sehr schwierig
			.386			229.79	4.73	1-2	+ 1.3	:	580	sehr schwierig
			29.371			230.58	4.70				2n	
9224	Σ 1851	GΣ	29.739	14 17.9	+80 04	330.21	10.42	3	+ 5.9	..	430	sicher
			.764			330.32	10.35	1-2	+ 6.8	..	430	zweifelhaft
			.810			329.99	10.38	2-3	+ 6.0	..	430	sicher
			29.771			330.17	10.38				3n	
9225	Σ 1844	GΣ	29.734	14 17.9	+77 02	212.08	1.82	5	+ 5.3	:	580	ausgezeichnet
			.739			210.79	1.92	2-3	+ 5.7	:	430	sicher
			29.736			211.44	1.87				2n	
9236	Σ 1849	GΣ	29.400	14 19.9	+76 56	5.17	1.36	1-2	+ 4.7	..	580	sehr schwierig
			.731			5.30	1.20	5	+ 5.1	..	580	ausgezeichnet
			29.566			5.24	1.28				2n	
9271	Σ 1848	GΣ	29.307	14 25.6	+33 10	357.90	3.15	2	+ 2.0	.	430	zweifelhaft
			.356			356.58	3.03	2-3	+ 2.1	:	430	sicher
			29.332			357.24	3.09				2n	
9284	Σ 1852	GΣ	29.452	14 27.4	-04 01	267.58	25.04	2	+ 1.5	..	430	sicher
			.490			266.99	25.04	2	+ 1.4	..	430	sicher
			29.471			267.28	25.04				2n	
9321	Σ 3087	GΣ	29.309	14 33.9	+19 38	42.72	2.05	2-3	+ 1.8	:	580	sicher
			.386			42.25	2.10	2	+ 0.4	:	580	sehr unruhig
			29.348			42.48	2.08				2n	
9356	Ku 48	GΣ	29.386	14 40.6	+13 22	136.29	6.57	2-3	+ 1.5	..	430	mittelmäßig
			.391			136.78	6.63	2-3	+ 1.0	..	430	sicher
			29.388			136.54	6.60				2n	
9358	Σ 1915	GΣ	29.734	14 40.6	+86 10	317.77	2.48	5	+ 5.1	:	580	ausgezeichnet
			.739			319.44	2.51	3	+ 5.7	..	430	sicher
			29.736			318.60	2.50				2n	
9368	Ku 49	GΣ	29.356	14 42.5	+41 37	202.23	1.69	3	+ 2.7	:	580	sicher
			.400			199.84	1.52	1-2	+ 3.1	:	430	ganz unsicher
			.403			200.68	1.69	2	+ 0.7	:	580	schwer zu trennen
			30.495			201.48	1.63	2	+ 2.0	..	580	schwierig
			29.664			201.06	1.63				4n	
9428	Σ 1892	GΣ	29.356	14 51.3	+59 15	238.38	2.88	3-2	+ 2.8	:	580	sicher
			.391			238.40	2.86	2	+ 4.1	:	430	brauchbar
			29.374			238.39	2.87				2n	
9450	Σ 1898	GΣ	29.356	14 55.2	+59 35	211.38	2.70	4-3	+ 3.0	:	580	sicher
			.400			212.91	2.50	2	+ 3.2	:	430	sicher
			.418			212.56	2.67	3-2	+ 2.3	:	430	sicher
			.495			211.44	2.70	3	+ 1.3	:	430	schwierig
			29.667			212.07	2.64				4n	
9452AC	β 808	GΣ	30.432	14 55.6	-08 30	306.45	92.15	4	+ 1.0	..	430	sicher
			.451			306.25	92.06	2-3	+ 0.8	..	430	brauchbar
			.454			306.40	92.26	2-1	+ 0.7	..	430	**verwaschen**
			.473			306.41	92.24	2-3	+ 1.0	:	430	
			30.452			306.38	92.18				4n	
9460	Σ 1905	GΣ	29.400	14 56.5	+71 02	158.98	3.29	2	+ 3.5	:	430	sicher
			.734			160.73	3.39	5	+ 4.3	..	580	ausgezeichnet
			29.567			159.86	3.34				2n	
9461AB	Σ 1896	GΣ	29.356	14 56.6	+44 15	278.88	4.35	3	+ 2.2	:	430	sicher
			.391			276.88	4.21	2	+ 3.8	:	430	sicher
			29.374			277.88	4.28				2n	

ADS	Name	Bb	Ep 1900+	1950.0 α δ	p	s	Bd	t	Auge	Vgr	Bemerkungen
9465	Σ 3089	GΣ	29.391 .397 .400 29.396	14h56m.9 -00°18'	32°.87 33.96 34.74 33.86	5".28 5.19 5.36 5.28	2 2-1 1-2	+ 0h.4 + 1.1 + 0.5	: : :	430 430 430 3n	zweifelhaft zweifelhaft schwierig
9493	Σ 1904	GΣ	29.391 .400 29.396	15 01.6 +05 41	346.94 347.09 347.02	9.94 10.00 9.97	2 2	+ 1.7 + 1.5	: :	430 430 2n	 recht sicher
9543	Σ 1923	GΣ	29.386 .391 .397 29.391	15 11.4 +14 38	12.48 11.81 12.36 12.22	4.91 4.77 4.97 4.88	2-1 2 3-2	+ 1.3 + 1.2 + 2.6	: : :	430 430 430 3n	sehr unruhig sehr schwierig sicher
9546	OΣ 294	GΣ	29.356 .452 .764 .810 30.735 29.823	15 11.6 +56 14	246.12 ------ 246.23 245.46 245.35 245.79	3.27 3.33 ---- 3.38 3.48 3.34	2-3 2-1 1 2 2-1	+ 3.0 + 4.8 + 5.5 + 5.3 + 4.3	: : : : :	580 430 430 430 430 5n	schwierig unsicher ganz unsicher sicher sehr schwierig
9555	OΣ 293	GΣ	29.397 .400 .490 29.429	15 13.2 +22 44	346.33 346.03 346.61 346.32	10.81 10.66 10.80 10.76	2 1 2	+ 5.0 + 3.8 + 3.6	: : :	430 430 430 3n	zweifelhaft sehr schwierig Wolken
9565	β 351	GΣ	29.493 30.432 .443 .464 30.208	15 14.2 -15 24	301.82 301.60 301.77 301.72 301.73	11.46 10.78 10.46 10.73 10.86	1 3 3-2 1-2	+ 1.8 + 2.1 + 2.3 + 1.6	.. ..	430 430 430 430 4n	ganz zweifelhaft brauchbar zweifelhaft sehr unruhig
9566	Σ 1929	GΣ	29.397 .400 .444 29.414	15 14.6 +33 50	7.07 6.56 7.01 6.88	6.18 6.34 6.43 6.31	2 1-2 1-2	+ 3.2 + 2.1 + 1.0	: : :	430 430 430 3n	sicher unsicher schwierig
9604	Σ 3092	GΣ	29.397 .400 .405 29.401	15 [illegible].2 -01 50	165.47 165.61 164.61 165.23	13.87 14.22 14.09 14.06	2 1-2 2-3	+ 2.2 + 0.8 + 0.4	: : :	430 430 580 3n	schwierig sehr schwierig sicher
9644	Σ 3125	GΣ	29.397 .400 .405 29.401	15 25.0 +67 14	266.13 266.78 267.39 266.77	2.10 2.10 2.12 2.11	3 2 2	+ 4.0 + 4.1 + 4.3	: : :	430 430 430 3n	recht sicher zweifelhaft Dunst
9691	Σ 1953	GΣ	29.391 .397 .400 29.396	15 30.5 +05 41	253.57 253.50 253.49 253.52	6.62 6.71 6.78 6.70	2 2-3 2-1	+ 1.5 + 1.7 + 1.2	.. .. ..	430 430 430 3n	sicher sicher mittelmäßig
9706	OΣ 299	GΣ	29.397 .400 29.398	15 33.1 +64 04	22.92 22.14 22.53	3.22 3.30 3.26	3 2-1	+ 3.5 + 3.7	: ..	430 430 2n	sicher mittelmäßig
9785	Σ 3096	GΣ	29.391 .397 29.394	15 45.2 -05 10	80.88 80.11 80.50	3.52 3.54 3.53	2 2	+ 1.5 + 0.6	.. ..	430 430 2n	sicher sicher
9805	Σ 3097	GΣ	29.391 .397 29.394	15 48.2 -08 52	182.69 184.41 183.55	3.89 3.84 3.86	2-3 2	+ 1.8 + 0.8	: :	430 430 2n	sehr unruhig sicher
9830	Σ 3099	GΣ	28.405 .452 28.428	15 51.8 -19 32	114.55 115.25 114.90	2.21 2.38 2.30	1-2 2-3	+ 0.1 + 1.4	.. ..	580 430 2n	schwierig recht sicher
9837	Σ 3100	GΣ	29.391 .397 29.394	15 52.8 -08 44	247.60 246.07 246.84	5.78 5.98 5.88	2-1 2	+ 1.9 + 1.0	.. ..	430 430 2n	schwierig sicher
9895	Σ 2001	GΣ	29.391 .397 29.394	15 59.5 +41 58	168.43 168.78 168.80	11.78 11.83 11.80	2 2	+ 2.5 + 2.9	: ..	430 430 2n	sicher sicher

ADS	Name	Bb	Ep 1900+	1950.0 α	δ	p	s	Bd	t	Auge	Vgr	Bemerkungen
9904	Σ 2000	GΣ	29.356	16h 00m.7	+14°08'	227°.34	2".60	2	+ 2h.6	:	580	sicher
			.386			226.88	2.41	2-1	+ 0.8	:	430	mittelmäßig
			.391			226.53	2.52	1-2	+ 2.1	:	580	schwierig
			29.378			226.92	2.51				3n	
9907	Σ 2004	GΣ	29.405	16 01.2	+28 59	277.03	1.90	2	+ 2.1	..	580	mittelmäßig
			.444			278.92	1.85	2	+ 0.5	..	430	sicher
			29.424			277.98	1.88				2n	
9908	Σ 2003	GΣ	29.493	16 01.3	+11 34	170.29	14.45	1	+ 0.5	:	430	schlecht
			.671			171.55	14.25	2	+ 3.0	:	580	schwierig
			29.582			170.92	14.35				2n	
9930	Σ 2011	GΣ	29.405	16 05.6	+29 08	66.63	2.41	2	+ 1.0	:	580	sicher
			.444			66.97	2.40	2	+ 0.7	:	430	sicher
			29.424			66.80	2.40				2n	
9938	Σ 2014	GΣ	29.405	16 06.9	+40 11	90.47	1.62	2	+ 3.0	..	430	mittelmäßig
			.444			90.73	1.56	1-2	+ 2.4	..	430	mittelmäßig
			29.424			90.60	1.59				2n	
9954AB	Σ 2036	GΣ	29.712	16 09.6	+72 41	234.77	2.20	3-4	+ 2.8	:	430	sicher
			.734			233.92	2.09	5	+ 4.0	:	580	ausgezeichnet
			29.723			234.34	2.14				2n	
9956	Σ 2025	GΣ	29.405	16 09.7	+47 41	164.68	2.57	2	+ 3.2	:	430	recht sicher
			.446			166.87	2.49	1-2	+ 2.3	..	430	sehr schwierig
			.452			163.69	2.47	2	+ 3.5	..	430	sehr schwierig
			29.434			165.08	2.51				3n	
9993	Σ 2035	GΣ	29.405	16 16.1	+25 59	35.70	2.61	2	+ 1.0	:	580	sicher
			.444			36.45	2.66	2-1	+ 0.7	:	430	sicher
			29.424			36.08	2.64				2n	
10019	Σ 2041	GΣ	29.405	16 19.3	+01 20	359.69	2.57	1-2	+ 0.4	:	580	schwer zu trennen
			.446			359.09	2.79	1	+ 0.1	:	430	schlecht
			29.426			359.39	2.68				2n	
10047	HO 403	GΣ	30.393	16 22.5	-13 04	169.02	4.10	3	+ 0.8	:	260	ganz zweifelhaft
10055	Σ 2066	GΣ	29.712	16 23.2	+76 27	57.29	5.14	3	+ 2.9	..	430	sicher
			.790			57.16	5.09	2	+ 4.6	:	430	Wolken
			29.751			57.22	5.12				2n	
10057	Σ 2043	GΣ	29.446	16 23.2	+17 25	85.27	9.86	1	+ 0.3	..	430	schlecht
			.452			84.94	9.92	2	+ 1.1	..	430	mittelmäßig
			29.449			85.10	9.89				2n	
10059	Σ 2075	GΣ	29.734	16 23.4	+80 10	320.15	1.36	5	+ 3.6	:	580	ausgezeichnet
			.846			321.93	----	1-2	+ 4.3	:	430	ganz unsicher
			.854			-----	----	1-2	+ 4.8	:	430	illusorisch
			.857			317.83	1.42	2-1	+ 4.8	:	430	zweifelhaft
			29.823			319.97	1.39				4n	
10061	OΣ 310	GΣ	29.405	16 23.7	+38 01	224.24	2.93	1-2	+ 2.1	:	580	zweifelhaft
			.444			222.81	3.07	1	+ 1.8	:	430	sehr schwierig
			29.424			223.52	3.00				2n	
10083AB	Σ 3104	GΣ	29.452	16 27.7	-14 27	226.93	9.39	3-2	+ 0.6	:	430	sicher
			.465			226.72	9.39	1-2	+ 0.5	:	430	sehr schwierig
			29.458			226.82	9.39				2n	
10084	Σ 2050	GΣ	29.446	16 28.0	-13 08	214.70	5.61	1	+ 0.5	:	430	schlecht
			.452			215.94	5.64	2	+ 0.4	:	430	sicher
			29.449			215.32	5.62				2n	
10096	Σ 2057	GΣ	29.405	16 29.4	+19 24	86.31	5.01	2-1	+ 1.3	..	580	sehr unruhig
			.444			85.74	5.09	1-2	+ 1.0	..	430	sehr unruhig
			29.424			86.02	5.05				2n	
10098	β 356	GΣ	29.712	16 29.5	+69 02	117.59	7.15	2-3	+ 3.0	:	430	zweifelhaft
			.810			116.87	7.07	3	+ 4.9	:	430	sicher
			29.761			117.23	7.11				2n	

ADS	Name	Bb	Ep 1900+	1950.0 α	δ	p	s	Bd	t	Auge	Vgr	Bemerkungen
10099AB	Σ 2058	GΣ	29.405	$16^h29^m.5$	+19°25'	348°.06	1".89	2-3	+ $1^h.0$	:	580	sicher
			.444			348.53	2.24	2	+ 0.8	:	430	sicher
			29.424			348.30	2.06				2n	
10153	Σ 2099	GΣ	29.712	16 38.7	+70 26	216.13	9.63	2	+ 3.2	..	430	mittelmäßig
			.810			216.47	9.74	2	+ 4.2	:	430	mittelmäßig
			29.761			216.30	9.68				2n	
10163AB	β 1199	GΣ	30.377	16 39.9	+36 33	305.11	3.29	2	+ 1.5	..	430	zweifelhaft
10174	Σ 2089	GΣ	29.452	16 41.3	+25 14	63.72	2.53	3-2	+ 1.8	:	580	sicher
			.460			-----	----	2	+ 0.2	:	430	Wolken
			.465			63.74	2.53	2-3	+ 2.2	:	430	sicher
			29.459			63.73	2.53				3n	
10185AB	Σ 2088	GΣ	29.493	16 42.2	+02 26	333.88	20.60	0	+ 0.2	:	430	unsicher
			.671			333.69	20.58	3	+ 2.6	:	580	sicher
			29.582			333.78	20.59				2n	
10209	Es 969	GΣ	30.489	16 44.8	+50 17	237.18	2.63	2	+ 0.3	:	430	zweifelhaft
			.495			236.32	2.64	2	+ 0.3	:	430	mittelmäßig
			.510			236.38	2.63	3-2	+ 0.3	:	430	Wolken
			.648			237.49	2.60	3	+ 1.7	:	430	Wolken
			30.536			236.84	2.62				4n	
10220	Σ 2125	GΣ	29.790	16 46.2	+82 27	189.05	12.21	2	+ 5.0	..	430	Wolken
			.810			188.84	12.44	2-1	+ 5.2	..	430	schwierig
			29.800			188.94	12.32				2n	
10223	Σ 2102	GΣ	29.446	16 46.6	+21 29	275.33	13.62	1-2	+ 1.3	..	430	sehr schwierig
			.452			275.32	13.83	2-3	+ 2.2	..	580	sicher
			29.449			275.32	13.72				2n	
10225	Σ 2103	GΣ	29.446	16 47.3	+13 21	39.22	5.33	2-1	+ 0.8	:	430	sicher
			.452			38.80	5.49	2-1	+ 1.0	:	430	mittelmäßig
			29.449			39.01	5.41				2n	
10259	Σ 2110	GΣ	29.452	16 53.0	+25 49	92.02	17.97	2	+ 2.4	..	580	sicher
			.465			92.49	17.82	2	+ 2.3	..	430	sicher
			29.458			92.26	17.90				2n	
10277	OΣ 319	GΣ	29.452	16 55.8	+15 14	62.39	0.96	4-3	+ 1.4	:	580	sehr sicher
			.465			65.16	1.03	2	+ 2.6	:	580	brauchbar
			29.458			63.78	1.00				2n	
10310	Σ 2115	GΣ	29.452	16 59.3	+15 01	237.60	18.89	3	+ 1.0	:	430	sicher
			.465			237.76	19.12	2	+ 1.3	:	430	recht sicher
			29.458			237.68	19.00				2n	
10313	Σ 2113	GΣ	29.405	16 59.7	+07 17	117.94	4.90	2	+ 1.8	..	430	mittelmäßig
			.446			118.42	5.02	1-2	+ 1.3	..	430	sehr unruhig
			29.426			118.18	4.96				2n	
10330	Σ 3109	GΣ	29.465	17 02.7	-07 03	297.55	4.74	2-1	+ 0.9	..	430	mittelmäßig
			.490			298.52	4.86	2	+ 0.2	:	430	zweifelhaft
			29.478			298.04	4.80				2n	
10342	Σ 3110	GΣ	29.465	17 04.0	-02 32	334.44	7.94	2-1	+ 0.6	:	430	mittelmäßig
			.471			334.03	8.05	1	+ 0.6	:	430	unsicher
			.490			335.53	7.88	2-3	+ 1.1	:	430	sicher
			29.473			334.67	7.96				3n	
10395	Σ 2132	GΣ	29.490	17 10.1	-04 00	112.81	1.87	3	+ 0.8	..	430	sicher
			.663			113.48	1.78	2	+ 1.7	..	580	noch getrennt
			29.576			113.14	1.82				2n	
10397	Σ 2142	GΣ	29.490	17 10.4	+49 48	111.84	5.06	2-3	+ 4.2	:	430	brauchbar
			.684			113.83	4.89	3-2	+ 1.3	..	430	sicher
			29.587			112.84	4.98				2n	
10407	Σ 2137	GΣ	29.444	17 11.6	+16 00	143.80	4.06	1-2	+ 1.6	:	430	sehr unruhig
			.446			143.59	4.09	1-2	+ 1.6	:	430	mittelmäßig
			29.445			143.70	4.08				2n	

ADS	Name	Bb	Ep 1900+	1950.0 α δ	p	s	Bd	t	Auge	Vgr	Bemerkungen
10412	Σ 2151	GΣ	29.712 .810 29.761	$17^h12^m.0$ $+69°34'$	349°.71 352.14 350.92	2".26 2.58 2.42	4-3 2	+ $1^h.5$ + 4.4	: ..	430 430 2n	sicher brauchbar
		GΣ	30.489 .497 30.493		350.72 348.92 349.82	2.46 2.42 2.44	2 2	- 0.6 - 0.5	: :	430 430 2n	brauchbar sicher
10449	OΣ 328	GΣ	29.493 .646 29.570	17 15.5 +33 09	59.76 58.20 58.98	4.33 4.30 4.32	2-1 2-1	+ 2.5 + 3.9	: :	430 430 2n	mittelmäßig sehr wechselnd
10451	Σ 2147	GΣ	29.493 .684 .701 29.626	17 15.6 +28 58	95.08 94.02 92.75 93.75	6.26 6.50 6.34 6.37	1 3-1 4	0 + 1.6 + 1.7	.. .. ..	430 430 580 3n	noch brauchbar unsicher sicher
10454	OΣ 326	GΣ	29.493 .676 29.584	17 15.9 +09 34	214.57 215.33 214.95	16.41 16.57 16.49	2-1 2	+ 1.5 + 2.5	: :	430 580 2n	ganz unsicher schwierig
10468	Σ 2148	GΣ	29.465 .490 29.478	17 17.1 -11 18	219.02 220.41 219.72	5.58 5.42 5.50	1-2 2	0 + 0.3	: :	430 430 2n	schwierig sicher
10513AB	β 1249	GΣ	29.701	17 21.0 +53 54	218.92	0.43	4	+ 2.3	:	580	sehr schwierig
		GΣ	30.653		248.59	0.35	4	+ 1.2	:	830	zweifelhaft
10528	Σ 2160	GΣ	29.444 .446 29.445	17 22.3 +15 39	63.65 64.15 63.90	3.58 3.73 3.66	1 1	+ 1.6 + 1.6	: :	430 430 2n	schlecht schlecht
10583	β 1089	GΣ	29.745 .745 30.653 30.048	17 27.1 -05 52	345.42 345.18 342.67 344.42	1.08 1.00 1.10 1.06	4-3 3-1 2-1	+ 1.7 + 1.8 + 1.3	: .. :	430 580 580 3n	sicher zweifelhaft unsicher
10586	Σ 2172	GΣ	29.493 .665 29.579	17 27.4 -01 16	171.69 170.90 171.30	11.50 11.75 11.62	2 3	0 + 1.2	: :	430 580 2n	sicher schwierig
10590	Σ 2174	GΣ	29.493 .671 29.582	17 27.6 +32 48	332.14 331.14 331.64	5.22 5.44 5.33	1 3-2	+ 0.1 + 1.2	: :	430 580 2n	schwierig starker Dunst
10591	Σ 2175	GΣ	29.493 .671 29.582	17 27.6 +32 45	8.97 9.60 9.28	13.32 13.27 13.30	1-2 3	+ 0.4 + 1.0	: :	430 580 2n	recht sicher sicher
10592	OΣ 330	GΣ	29.446 .493 29.470	17 27.6 +16 00	55.68 57.39 56.54	13.99 14.39 14.19	1 2	+ 2.0 + 2.2	: :	430 430 2n	zweifelhaft mittelmäßig
		GΣ	30.454 .464 30.459		57.07 57.35 57.21	14.02 14.32 14.17	1-2 2-1	+ 0.5 0	: :	430 430 2n	sehr verwaschen brauchbar
10656	Σ 2188	GΣ	29.465 .490 .731 29.562	17 33.8 +06 39	202.67 203.49 202.93 203.03	5.54 5.46 5.63 5.54	2 3 2-3	+ 2.2 + 0.9 + 1.3	: : :	580 430 430 3n	schwierig sicher sicher
10693AB	Σ 2191	GΣ	29.745 .813 30.653 30.070	17 37.1 -04 57	267.24 266.92 267.55 267.24	26.45 26.35 26.57 26.46	3-4 2 1-2	+ 2.3 + 3.2 + 1.6	.. .. ..	430 430 430 3n	sicher zweifelhaft mittelmäßig
10693BC	Ho 419	GΣ	29.745 .813 30.653 30.070	17 37.1 -04 57	34.54 32.43 33.75 33.57	8.45 8.75 8.30 8.50	3-2 2 2-1	+ 2.3 + 2.8 + 1.4	: : :	430 430 430 3n	sicher sehr tiefer Stand schwierig

ADS	Name	Bb	Ep 1900+	1950.0 α	δ	p	s	Bd	t	Auge	Vgr	Bemerkungen
10719	Σ 2193	GΣ	29.465	$17^h39^m.4$	+08°15	65°.60	5".78	2	+ $2^h.4$	:	430	sehr schwierig
			.490			65.40	5.81	3-4	+ 1.0	:	430	sicher
			.648			66.29	5.95	2	+ 3.5	:	430	mittelmäßig
			29.534			65.76	5.85				3n	
10731	Σ 2198	GΣ	29.493	17 40.6	+26 34	24.68	7.62	2	+ 2.3	:	430	brauchbar
			.663			27.84	7.58	2	+ 2.1	:	430	brauchbar
			29.578			26.26	7.60				2n	
		GΣ	30.454			25.76	7.58	1-2	- 0.4	:	430	mittelmäßig
			.495			26.17	7.67	2	- 0.4	..	430	mittelmäßig
			30.474			25.96	7.62				2n	
10746BC	D 16	GΣ	29.701	17 41.8	+43 46	148.56	1.37	4-5	+ 2.1	..	580	sicher
			.704			144.96	----	3-4	+ 1.2	:	580	Wolken
			.709			147.22	1.39	2	+ 2.3	..	430	mittelmäßig
			.742			148.00	1.43	4	+ 3.2	..	580	sicher
			29.714			147.18	1.40				4n	
10746AB	Σ 2214	GΣ	29.701	17 41.8	+43 46	212.74	19.60	4	+ 2.3	:	580	sicher
			.709			212.54	19.53	2	+ 2.1	:	430	sicher
			29.705			212.64	19.56				2n	
10775	Σ 2208	GΣ	29.493	17 43.9	-04 27	274.74	9.36	2	+ 0.5	..	430	sicher
			.663			274.96	9.48	2-1	+ 1.4	..	580	sehr verwaschen
			29.578			274.85	9.42				2n	
10790	Σ 2229	GΣ	29.671	17 44.6	+50 12	342.04	6.35	3-4	+ 0.5	:	580	sicher
			.693			339.72	6.38	3-4	+ 0.7	:	430	sicher
			29.682			340.88	6.36				2n	
		GΣ	30.459			341.25	6.34	3-2	+ 2.3	..	430	sicher
			.653			341.61	6.40	4-5	+ 0.7	:	430	sicher
			30.556			341.43	6.37				2n	
10798	Σ 2226	GΣ	29.701	17 45.0	+35 39	90.57	11.94	4	+ 1.5	..	580	sicher
			.731			91.47	11.79	2-3	+ 0.9	:	430	sicher
			29.716			91.02	11.86				2n	
10849	Σ 2242	GΣ	29.452	17 49.7	+44 55	327.19	3.35	2	+ 2.5	..	430	sicher
			.465			326.32	3.38	2-1	+ 2.8	..	430	brauchbar
			29.458			326.76	3.36				2n	
10851	Σ 2239	GΣ	29.490	17 49.8	+28 15	319.74	2.37	2	+ 1.7	..	430	Wolken
			.493			319.74	2.32	2-3	+ 2.4	..	430	sicher
			29.492			319.74	2.34				2n	
10853	Σ 2234	GΣ	30.432	17 50.0	-07 57	199.21	16.56	2	+ 0.9	:	430	mittelmäßig
			.637			198.66	16.68	1-2	+ 0.6	:	430	schwierig
			30.534			198.94	16.62				2n	
10867	Σ 2240	GΣ	29.490	17 51.1	+05 16	202.34	2.96	2	+ 1.3	:	580	Wolken
			.663			201.63	2.81	2	+ 1.5	:	580	mittelmäßig
			29.576			201.98	2.88				2n	
10920	Σ 2255	GΣ	29.490	17 55.3	+41 15	342.58	9.04	3	+ 3.2	..	430	sicher
			.493			343.56	9.02	3-2	+ 2.6	..	430	sicher
			29.492			343.07	9.03				2n	
10924	Σ 2258	GΣ	29.452	17 55.4	+48 38	219.78	2.27	2-3	+ 2.7	:	430	sicher
			.490			220.07	2.37	3	+ 2.9	:	430	sicher
			29.471			219.92	2.32				2n	
10949	Σ 2254	GΣ	29.446	17 56.7	+12 26	266.01	3.42	1-2	+ 1.3	..	430	brauchbar
			.465			265.89	3.39	2	+ 2.4	..	430	sicher
			29.456			265.95	3.40				2n	
10966CD	β 634	GΣ	29.745	17 58.1	+02 56	127.28	8.72	3-2	+ 2.4	:	430	ganz unsicher
11000	Σ 2270	GΣ	30.443	18 00.0	+45 17	212.43	6.37	3-4	+ 1.0	:	430	sicher
			.801			212.09	6.31	2-3	+ 2.6	:	430	unsicher
			30.622			212.26	6.34				2n	

ADS	Name	Bb	Ep 1900+	1950.0 α δ	p	s	Bd	t	Auge	Vgr	Bemerkungen
11034	Σ 2266	GΣ	29.676	18h01m9 +03°29	183°87	8"63	2-3	+ 0h7	:	430	sicher
			.693		184.47	8.69	3-2	+ 0.7	:	430	sicher
			29.684		184.17	8.66				2n	
11058	OΣ 343	GΣ	29.701	18 03.6 +48 07	76.01	2.85	4	+ 0.4	..	580	sicher
			.709		76.17	2.81	3	+ 1.1	:	430	sicher
			29.705		76.09	2.83				2n	
11082AB	Σ 2290	GΣ	29.701	18 05.4 +50 00	354.04	3.97	4	+ 0.6	:	580	sicher
			.709		354.47	3.91	3	+ 1.4	:	430	sicher
			29.705		354.26	3.94				2n	
11191	β 286	GΣ	30.648	18 12.3 -20 24	211.18	6.21	2-1	+ 0.8	:	430	unsicher
11238	Σ 2304	GΣ	29.490	18 15.5 +40 14	69.91	5.05	2-3	+ 1.9	:	430	sicher
			.493		69.56	5.17	2-3	+ 2.5	:	430	sicher
			29.492		69.74	5.11				2n	
11273	Σ 2310	GΣ	29.663	18 18.6 +22 46	237.38	5.28	2	+ 1.8	:	430	mittelmäßig
			.665		237.52	5.17	1-2	+ 2.8	:	580	schwierig
			29.664		237.40	5.22				2n	
11280	Σ 2312	GΣ	29.490	18 19.2 +28 19	338.61	1.69	3-1	+ 1.5	:	580	Wolken
			.493		338.95	1.64	2	+ 2.7	..	430	mittelmäßig
			29.492		338.78	1.66				2n	
11320	Ho 432	GΣ	29.837	18 22.3 +38 43	287.16	17.81	1-2	+ 3.2	..	430	ganz unsicher
			.862		286.52	18.43	1	+ 3.2	..	430	ganz unsicher
			29.849		286.84	18.12				2n	
		GΣ	30.735		289.17	17.31	2	+ 1.6	..	430	brauchbar
			.752		285.72	17.32	3-2	+ 1.6	..	430	schwierig
			30.744		287.44	17.32				2n	
11323	OΣ 347	GΣ	29.665	18 22.4 +07 12	347.24	3.13	2	+ 0.6	:	580	schwierig
			.676		345.98	3.24	2-3	+ 0.8	:	580	sicher
			.693		347.03	3.18	2	+ 0.7	:	580	sehr schwierig
			29.678		346.75	3.18				3n	
11392	Σ 2327	GΣ	29.671	18 27.2 +29 53	315.47	19.33	2	+ 4.6	..	430	brauchbar
			.728		315.85	19.49	1-2	+ 1.9	:	430	sehr unruhig
			29.700		315.66	19.41				2n	
11397	Σ 2328	GΣ	29.671	18 27.5 +29 53	72.06	3.62	2-1	+ 4.8	:	430	sehr verwaschen
			.728		71.92	3.61	2-1	+ 1.7	:	430	brauchbar
			29.700		71.99	3.62				2n	
11495	Σ 2370	GΣ	29.810	18 34.2 +70 01	135.25	10.54	3-2	+ 3.6	:	430	sicher
			.846		135.96	10.61	2-1	+ 2.4	:	430	sicher
			29.828		135.60	10.58				2n	
11504	Σ 2349	GΣ	29.671	18 34.8 +33 26	204.99	7.48	2	+ 3.9	:	430	mittelmäßig
			.731		204.89	7.18	2-1	+ 1.4	:	430	brauchbar
			30.459		205.03	7.51	2	+ 1.7	:	430	brauchbar
			29.954		204.97	7.39				3n	
11511	Σ 2352	GΣ	29.671	18 35.2 +34 49	285.80	15.44	2-1	+ 4.2	..	430	mittelmäßig
			.731		285.37	15.84	2-1	+ 1.6	..	430	Wolken
			.893		285.72	15.69	2-3	+ 3.1	..	430	recht sicher
			29.765		285.63	15.66				3n	
11526	OΣ 360	GΣ	29.660	18 36.2 +04 49	285.92	1.60	4-3	+ 1.9	..	580	sicher
			.676		283.87	1.69	3	+ 0.4	..	580	sicher
			29.668		284.90	1.64				2n	
11560	Σ 2364	GΣ	29.663	18 38.0 +24 39	177.34	8.60	2-3	+ 1.7	:	430	mittelmäßig
			.665		177.14	8.56	1-2	+ 2.7	:	580	mittelmäßig
			29.664		177.24	8.58				2n	
11578	Σ 2614	GΣ	30.727	18 39.4 +88 14	231.62	1.46	3-4	+ 0.6	..	430	sicher
			.749		231.36	1.50	2-1	+ 1.2	:	430	zweifelhaft
			30.738		231.49	1.48				2n	

ADS	Name	Bb	Ep 1900+	1950.0 α	δ	p	s	Bd	t	Auge	Vgr	Bemerkungen
11657	Σ 2381	GΣ	29.665	$18^h43^m.5$	+28°12'	122°.98	8".58	2-1	$+ 2^h.9$	..	580	zweifelhaft
			.671			122.74	8.58	2-1	+ 3.2	..	430	mittelmäßig
			29.668			122.86	8.58				2n	
11685	Σ 2397	GΣ	29.490	18 45.3	+31 21	266.04	4.02	3	+ 1.7	..	430	sicher
			.671			266.05	3.96	2-1	+ 3.4	:	430	mittelmäßig
			29.580			266.04	3.99				2n	
11693	OΣ 362	GΣ	29.676	18 45.9	+10 35	339.26	7.71	2	+ 0.6	:	580	brauchbar
			.693			340.25	7.71	2-1	+ 0.7	:	580	schwierig
			29.684			339.76	7.71				2n	
11733	Σ 2406	GΣ	29.660	18 47.9	+26 22	2.32	4.60	3-2	+ 2.6	:	580	sicher
			.671			2.75	4.78	1-2	+ 2.8	:	580	schwierig
			29.666			2.54	4.69				2n	
11764AC	Σ 2405	GΣ	29.728	18 49.4	-07 20	302.51	25.20	2-1	+ 0.5	..	430	brauchbar
			.731			302.52	25.40	2-3	+ 0.4	..	430	sicher
			29.730			302.52	25.30				2n	
11778	Σ 2412	GΣ	29.660	18 50.3	+13 56	56.10	1.38	4	+ 1.5	:	580	sicher
			.695			54.07	1.35	3-4	+ 2.1	:	580	sicher
			29.678			55.08	1.36				2n	
11841	Σ 2418	GΣ	29.728	18 53.3	+26 56	6.92	16.13	2	+ 0.1	:	430	recht sicher
			.731			7.29	16.00	3	+ 0.5	:	430	sicher
			29.730			7.10	16.06				2n	
11863AB	OΣ 365	GΣ	29.739	18 54.4	+44 10	210.6	----	3-2	+ 0.3	:	580	rund
			.742			225.0	----	4-3	+ 1.7	:	580	länglich vermutet
			.745			233.9	----	4-3	+ 3.3	:	580	rund
			29.742			223.2	----				3n	
11863AB-C	OΣ 365	GΣ	29.739	18 54.4	+44 10	262.13	2.74	3	+ 0.1	..	430	sicher
			.742			261.41	2.74	2-4	+ 1.6	:	580	sicher
			29.740			261.77	2.74				2n	
11908	AGC 9	GΣ	29.893	18 57.1	+32 37	300.55	13.52	2	+ 3.1	..	430	schwierig
			.895			300.14	13.62	2	+ 4.3	..	430	sehr schwierig
			.928			299.83	13.27	1-2	+ 3.7	..	430	sehr schwierig
			29.905			300.17	13.47				3n	
11914	Σ 2430	GΣ	29.660	18 57.4	+29 32	2.16	1.74	3-2	+ 2.7	:	580	sicher
			.693			2.36	1.88	3	+ 0.7	:	580	sicher
			30.459			2.21	1.97	2	+ 1.6	:	430	brauchbar
			.464			2.24	1.94	4-3	+ 1.5	:	430	recht sicher
			30.069			2.24	1.88				4n	
11987	HN 129	GΣ	30.418	19 01.2	-22 58	---	7.59	2	+ 0.6	..	430	Wolken
			.459			308.59	8.06	1-2	+ 0.6	:	430	brauchbar
			.648			308.79	7.89	2	- 0.2	:	430	brauchbar
			30.508			308.69	7.85				3n	
12026	β 287	GΣ	29.736	19 03.1	+13 47	52.20	6.20	4	+ 1.1	:	430	recht sicher
			.789			(55.72)	----	2	+ 1.0	:	430	abgebrochen
			.813			52.23	6.47	3-1	+ 2.0	:	430	ganz zweifelhaft
			30.656			55.01	----	1	+ 2.4	:	430	abgebrochen
			.727			52.50	6.30	4-3	+ 1.0	:	580	schwierig
			.735			53.11	6.51	2-3	+ 1.2	:	430	schwierig
			30.243			53.01	6.37				6n	
12056	Ho 96	GΣ	29.736	19 05.1	-12 50	128.87	3.27	2	+ 0.3	:	430	zweifelhaft
			.745			133.03	3.39	2-3	+ 1.6	..	430	zweifelhaft
			.813			131.28	3.11	2	+ 1.1	..	430	sehr schwach
			29.765			131.06	3.26				3n	
12069	Σ 2460	GΣ	29.676	19 05.8	+19 41	198.66	9.31	2-1	+ 3.2	:	580	sehr unruhig
			.728			197.96	9.38	2	+ 0.5	:	430	brauchbar
			29.702			198.31	9.34				2n	
12129	Σ 2471	GΣ	29.684	19 08.6	+08 02	121.19	8.11	2	+ 2.2	..	430	mittelmäßig
			.712			122.16	8.29	1	+ 1.4	..	430	mittelmäßig
			29.698			121.68	8.20				2n	

ADS	Name	Bb	Ep 1900+	1950.0 α δ	p	s	Bd	t	Auge	Vgr	Bemerkungen
12153	Σ 2480	GΣ	29.728	19h09m.7 +26°10'	23°.36	15".00	2	+ 0h.7	:	430	mittelmäßig
			.780		23.90	14.92	2-3	+ 1.3	:	430	sicher
			29.754		23.63	14.96				2n	
12200	Σ 2485	GΣ	29.789	19 12.1 +23 03	320.79	8.62	2	+ 0.6	:	430	sehr wechselnd
			.810		321.03	8.47	2	+ 2.3	..	430	sicher
			29.800		320.91	8.54				2n	
12298	Σ 2499	GΣ	29.660	19 16.4 +21 51	325.73	2.60	2	+ 2.6	..	580	sicher
			.676		325.10	2.39	2	+ 3.4	..	580	sicher
			29.668		325.42	2.50				2n	
12338	Σ 3131	GΣ	29.671	19 18.9 +39 05	303.13	9.39	1	+ 4.3	..	430	zerplatzend
			.695		302.60	9.50	3	+ 2.3	..	430	sicher
			29.683		302.86	9.44				2n	
12412	OΣ 373	GΣ	29.660	19 22.6 +46 20	228.25	1.76	2	+ 3.2	..	580	mittelmäßig
			.695		231.15	1.71	2	+ 2.4	:	430	mittelmäßig
			29.678		229.70	1.74				2n	
12419	Σ 3111	GΣ	29.660	19 23.0 +21 44	117.08	2.44	2-3	+ 2.7	..	580	sicher
			.676		116.95	2.44	2	+ 3.1	..	580	sicher
			29.668		117.02	2.44				2n	
12437	Σ 2522	GΣ	29.660	19 23.8 +28 39	338.44	4.55	2	+ 3.0	:	580	mittelmäßig
			.671		339.93	4.66	2-1	+ 4.8	..	430	brauchbar
			29.666		339.18	4.60				2n	
12456AB	Σ 2528	GΣ	29.671	19 24.8 +32 15	243.62	14.34	2-1	+ 4.5	:	430	brauchbar
			.709		242.78	14.49	2	+ 2.7	:	430	sicher
			29.690		243.20	14.42				2n	
12477	Σ 2529	GΣ	29.684	19 25.8 +17 33	298.11	6.63	2	+ 2.2	..	430	brauchbar
			.693		297.27	6.71	2	+ 0.6	..	580	brauchbar
			29.688		297.69	6.67				2n	
12485	Σ 3132	GΣ	29.684	19 26.0 +20 06	40.00	7.75	2	+ 2.7	:	430	mittelmäßig
			.693		40.38	7.60	2	+ 3.6	:	430	sicher
			29.688		40.19	7.68				2n	
12495	Σ 2530	GΣ	29.660	19 26.2 +20 13	155.76	5.60	2	+ 2.9	:	580	mittelmäßig
			.676		154.92	5.52	2	+ 3.3	:	580	sicher
			.684		153.60	5.57	2	+ 2.4	:	430	mittelmäßig
			29.673		154.76	5.56				3n	
12563	OΣ 374	GΣ	29.728	19 29.7 +50 05	294.70	19.02	2	+ 4.1	:	430	mittelmäßig
			.758		295.46	19.18	1	+ 3.7	..	430	zweifelhaft
			.806		294.97	18.92	2	+ 2.2	:	430	sicher
			29.764		295.04	19.04				3n	
12565AB	Σ 2546	GΣ	29.846	19 29.8 +66 24	11.17	8.55	2-1	+ 1.8	:	430	mittelmäßig
			.854		11.03	8.29	1	+ 2.0	..	430	schlecht
			.890		11.23	8.42	2	+ 4.1	:	430	brauchbar
			29.863		11.14	8.42				3n	
12622	β 1130	GΣ	29.695	19 32.4 +19 40	31.81	10.04	2-3	+ 1.8	:	430	ganz unsicher
12691	Σ 2555	GΣ	29.728	19 35.0 +53 16	280.41	1.89	2	+ 3.5	:	430	sicher
			.742		278.21	1.73	3-4	+ 1.8	:	830	sicher
			29.735		279.31	1.81				2n	
12697AB	Σ 2551	GΣ	29.684	19 35.2 +22 42	41.88	6.73	2	+ 3.2	:	430	recht sicher
			.693		42.42	6.73	2-1	+ 3.1	:	430	ziemlich sicher
			29.688		42.15	6.73				2n	
12712	Σ 2575	GΣ	29.739	19 36.0 +74 54	34.57	7.55	1-2	+ 5.4	:	430	brauchbar
			.851		31.82	7.39	1-2	+ 3.5	:	430	Wolken
			.854		32.13	7.42	1	+ 2.2	..	430	zweifelhaft
			29.815		32.84	7.45				3n	
12824	Σ 2592	GΣ	29.739	19 40.9 +76 27	301.34	1.20	2-1	+ 4.9	:	430	zweifelhaft
			.890		296.78	1.30	2-1	+ 3.7	:	430	ganz unsicher
			.920		301.49	----	2-1	+ 4.4	:	430	länglich
			29.850		299.87	1.25				3n	

ADS	Name	Bb	Ep 1900+	1950.0 α	δ	p	s	Bd	t	Auge	Vgr	Bemerkungen
12825	OΣ 381	GΣ	29.736	$19^h40^m.9$	+04°03'	4°.60	15".02	3	+ 0^h.2	:	430	sicher
			.780			4.43	15.13	2	+ 1.3	:	430	Wolken; brauchbar
			29.758			4.52	15.08				2n	
12957	Σ 2584	GΣ	29.684	19 46.2	+22 04	296.79	1.96	2-3	+ 2.8	..	430	sicher
			.693			296.64	1.86	2-1	+ 2.4	..	580	sehr unruhig
			29.688			296.72	1.91				2n	
12964	Σ 2586	GΣ	29.684	19 46.5	+24 50	225.96	3.66	2	+ 3.0	:	430	sicher
			.693			226.40	3.80	2-1	+ 2.6	:	430	mittelmäßig
			30.659			225.67	3.87	3-2	+ 1.3	:	430	brauchbar
			.662			224.27	3.78	2-1	+ 1.9	:	430	sehr schwierig
			30.174			225.58	3.78				4n	
12984	Σ 2582	GΣ	29.712	19 47.2	-04 03	260.62	2.54	1	+ 0.3	..	430	ganz unsicher
			.736			261.31	2.52	2-3	- 0.1	..	430	sicher
			.780			260.78	2.42	2	+ 1.5	..	430	verwaschen
			29.743			260.90	2.49				3n	
13018	Σ 2598	GΣ	29.728	19 49.0	+54 31	148.82	11.40	2	+ 3.5	..	430	sicher
			.758			148.25	11.52	0	+ 3.6	..	430	ganz schlecht
			.806			148.19	11.50	2	+ 2.2	..	430	sicher
			29.764			148.42	11.47				3n	
13110AB	OΣ 532	GΣ	29.813	19 52.8	+06 17	9.67	12.57	2-1	+ 1.9	:	430	schwierig
			.821			9.72	12.25	1-2	+ 1.4	:	430	unsicher
			30.464			9.71	12.47	3	+ 0.2	:	430	recht sicher
			.492			11.24	12.42	2-3	+ 1.4	:	430	zweifelhaft
			30.148			10.08	12.43				4n	
13117AB	OΣ 390	GΣ	29.709	19 53.1	+30 09	22.35	9.52	2	+ 2.5	:	430	mittelmäßig
			.780			22.19	----	2	+ 1.8	:	430	Wolken
			.789			22.27	9.55	3-2	+ 0.4	:	430	sicher
			29.759			22.27	9.54				3n	
13117AC	OΣ 390	GΣ	29.709	19 53.1	+30 04	175.82	15.95	2-1	+ 2.7	:	430	mittelmäßig
			.789			175.05	16.24	3	+ 0.6	:	430	sicher
			29.749			175.44	16.10				2n	
13192AB	Ho 582	GΣ	29.736	19 56.4	+33 25	316.68	0.50	4-5	+ 1.1	..	580	sehr eng
			.742			318.24	0.47	4-5	+ 0.2	..	580	gut getrennt
			29.739			317.46	0.48				2n	
13192AB-C	Ho 582	GΣ	29.736	19 56.4	+33 25	188.22	8.46	4-5	+ 1.3	:	580	sicher
			.742			188.03	8.51	4	+ 0.4	:	580	sicher
			29.739			188.12	8.48				2n	
13279	Ho 586	GΣ	29.736	20 00.0	+32 55	171.74	6.78	4	+ 1.5	:	580	schwierig
			.893			170.89	6.70	2	+ 2.6	:	430	kaum sichtbar
			29.814			171.32	6.74				2n	
13281	Ho 585	GΣ	30.492	20 00.0	-03 29	358.90	13.85	2	+ 0.3	:	260	sehr schwierig
			.497			358.06	13.45	1	+ 0.3	:	260	ganz unsicher
			.634			358.93	13.73	2-3	+ 0.8	:	430	schwach
			.648			358.36	13.74	2	+ 0.6	:	430	schwierig
			30.568			358.56	13.69				4n	
13370	Σ 2625	GΣ	29.788	20 04.0	-13 05	9.13	12.75	2-1	+ 0.7	:	430	sehr unruhig
			.806			8.14	12.81	2	+ 0.1	:	430	Dunst
			29.797			8.64	12.78				2n	
13410AB	Σ 2633	GΣ	29.671	20 06.0	+32 26	101.80	11.43	2-1	+ 4.6	..	430	sehr unruhig
			.676			101.88	11.46	2	+ 2.0	..	580	sicher
			29.674			101.84	11.44				2n	
13447	Σ 2645	GΣ	29.742	20 08.1	+51 32	136.63	1.54	2-3	+ 3.4	..	580	sicher
			.810			138.14	1.56	3	+ 2.6	..	580	sicher
			29.776			137.38	1.55				2n	
13515	OΣ 401	GΣ	29.709	20 10.4	+38 18	62.04	13.40	1-2	+ 3.5	:	430	schwierig
			.731			62.18	13.40	2-3	+ 3.1	:	430	recht sicher
			29.720			62.11	13.40				2n	
13566	OΣ 402	GΣ	29.731	20 12.4	+24 41	33.95	15.27	1-2	+ 3.3	:	430	mittelmäßig
			.758			32.53	15.26	2	+ 2.1	:	430	zweifelhaft
			29.744			33.24	15.26				2n	

ADS	Name	Bb	Ep 1900+	1950.0 α δ	p	s	Bd	t	Auge	Vgr	Bemerkungen
13667	Σ 2662	GΣ	29.736 .745 29.740	20h16m.2 +10°50	41°.29 41.43 41.36	1".80 1.78 1.79	4 4	+ 0h.2 + 0.7	: :	430 430 2n	sicher sicher
13691	β 1260	GΣ	29.742	20 17.2 +55 32	167.93	0.68	3-2	+ 3.4	..	580	zweifelhaft
13773	Σ 2676	GΣ	29.695 .728 29.712	20 20.8 +26 58	171.78 168.70 170.24	2.50 2.64 2.57	3-2 2-1	+ 2.5 + 2.5	: :	430 430 2n	sicher mittelmäßig
13795AB	Σ 2681	GΣ	29.728 .731 30.730 30.063	20 21.5 +53 15	38.96 38.58 39.81 39.12	6.76 6.52 6.74 6.67	2 2-1 2	+ 3.5 + 3.4 + 2.1	: : :	430 430 430 3n	brauchbar mittelmäßig sicher
13795AC	Σ 2681	GΣ	30.730	20 21.5 +53 15	201.57	39.86	2-3	+ 2.3	:	430	sicher
13795AD	Σ 2681	GΣ	30.730	20 21.5 +53 15	168.71	42.77	2-3	+ 2.7	..	430	sicher
14016	OΣ 408	GΣ	29.736 .742 .745 29.741	20 32.1 +34 30	190.49 188.03 190.77 189.76	1.62 ---- 1.59 1.60	4 2-1 5	+ 0.2 + 3.5 + 0.7	: : :	580 430 580 3n	sicher zweifelhaft ausgezeichnet
14078AB	Σ 2705	GΣ	29.671 .676 30.653 .659 30.165	20 35.8 +33 11	262.26 261.44 263.34 260.77 261.96	3.16 3.13 3.21 3.11 3.15	2-1 2-3 3-4 2-3	+ 3.9 + 1.3 + 0.7 + 1.3	: : .. :	430 580 430 430 4n	mittelmäßig sicher sicher sicher
14102AB	Σ 2717	GΣ	29.728 .806 29.767	20 36.8 +60 35	261.42 261.11 261.26	2.14 1.99 2.06	2-1 2-1	+ 3.5 + 1.7	: :	430 430 2n	schwierig sicher
14144	Σ 2714	GΣ	29.695 .731 .821 29.749	20 38.2 +29 36	338.33 336.78 337.00 337.37	6.61 6.67 6.68 6.65	2 1-2 1-2	+ 2.5 + 3.4 + 2.1	.. : :	430 430 430 3n	mittelmäßig zweifelhaft schwierig
14150	Σ 2713	GΣ	29.695 .731 30.662 .730 30.204	20 38.5 +10 24	62.08 62.53 61.98 60.89 61.87	4.94 5.02 5.01 5.08 5.01	2 2 3 2	+ 1.5 + 2.5 + 0.5 + 1.0	: : .. :	430 430 430 430 4n	mittelmäßig mittelmäßig sicher recht sicher
14152	Σ 2706	GΣ	29.788 .806 29.797	20 38.6 -01 16	36.27 36.00 36.14	11.03 11.13 11.08	2 2	+ 0.4 - 0.1	: :	430 430 2n	schwierig zweifelhaft
14205	Σ 2721	GΣ	29.695 .890 30.492 .637 30.178	20 41.2 +19 42	27.27 28.07 28.70 27.76 27.95	2.50 2.66 2.56 2.66 2.60	2-3 2 3-2 1-2	+ 1.7 + 0.7 0 0	: : : :	430 430 430 430 4n	sicher sicher schwierig sehr unruhig
14209	Σ 2722	GΣ	29.709 .890 30.492 .637 30.182	20 41.3 +19 33	307.25 308.29 308.05 307.96 307.89	7.33 7.29 7.35 7.43 7.35	1-2 2-3 2-3 1-2	+ 3.5 + 0.9 + 0.2 + 0.2	.. .. : :	430 430 430 430 4n	mittelmäßig brauchbar sicher Wolken
14219	Ho 140	GΣ	29.821 .837 29.829	20 42.0 +46 08	310.74 313.78 312.26	7.74 7.74 7.74	1-2 1-2	+ 1.4 + 1.4	.. ..	430 430 2n	sehr schwach zweifelhaft
14227	Σ 2724	GΣ	29.695 .709 29.702	20 42.3 +23 45	328.32 328.59 328.46	2.38 2.37 2.38	2-3 1-2	+ 1.9 + 3.3	: :	430 430 2n	sicher mittelmäßig
14235AB	β 1302	GΣ	29.928 30.027 29.978	20 42.6 +23 00	141.06 140.69 140.88	2.18 ---- 2.18	2 1-2	+ 2.5 + 4.2	.. ..	430 430 2n	zweifelhaft länglich
14235AC	β 1302	GΣ	29.928 30.027 29.978	20 42.6 +23 00	209.08 208.86 208.97	53.16 53.20 53.18	2 2-1	+ 2.8 + 4.0	: :	430 430 2n	recht sicher recht sicher

ADS	Name	Bb	Ep 1900+	1950.0 α	δ	p	s	Bd	t	Auge	Vgr	Bemerkungen
14273AB	OΣ 412	GΣ	29.868	$20^h44^m.2$	$+50^\circ 29$	$281^\circ.29$	25".86	1	$+ 3^h.1$	:	430	sehr schwierig
			.890			280.85	25.44	2	+ 1.9	:	430	sicher
			29.879			281.07	25.65				2n	
14273BC	OΣ 412	GΣ	29.868	20 44.2	+50 29	185.93	5.39	1	+ 3.3	:	430	zweifelhaft
			.890			186.00	5.01	2	+ 2.1	:	430	sicher
			29.879			185.96	5.20				2n	
14302	β 365	GΣ	29.868	20 45.7	+51 37	286.15	15.38	1	+ 2.7	:	430	brauchbar
			.890			286.22	15.14	2	+ 2.3	:	430	schwierig
			29.879			286.18	15.26				2n	
14411	OΣ 422	GΣ	29.671	20 52.4	+44 55	333.51	2.72	1-2	+ 4.0	:	430	sehr schwierig
			.695			333.91	2.62	2-1	+ 2.5	:	430	sehr unruhig
			29.683			333.71	2.67				2n	
14432	OΣ 423	GΣ	29.671	20 53.5	+42 19	79.30	2.92	2-1	+ 4.3	:	430	sehr unruhig
			.695			80.18	2.44	2-1	+ 2.7	..	430	mittelmäßig
			.857			77.55	2.68	2	+ 0.8	:	430	sicher
			29.741			79.01	2.68				3n	
14478	Σ 2740	GΣ	29.739	20 55.8	+61 22	329.77	4.14	2-1	+ 4.4	..	430	recht sicher
			.810			329.58	4.23	3	+ 1.6	..	430	sicher
			29.774			329.68	4.18				2n	
14533AB	β 1329	GΣ	29.736	20 58.4	+33 59	65.48	0.35	3-2	+ 2.9	:	580	länglich
			.745			58.83	0.36	5	+ 0.4	:	830	ausgezeichnet
			29.740			62.16	0.36				2n	
14533AB-C	β 1329	GΣ	29.736	20 58.4	+33 59	31.06	6.58	3	+ 3.1	:	580	sicher
			.745			31.20	6.50	4	+ 0.6	:	830	sehr sicher
			29.740			31.13	6.54				2n	
14549	OΣ 426	GΣ	29.813	20 59.4	+45 57	164.67	2.88	3-4	+ 1.5	:	430	sicher
			.837			160.10	2.67	1-2	+ 1.5	..	430	brauchbar
			30.662			163.46	3.00	3-2	+ 0.4	:	430	sicher
			.847			161.92	2.76	3-2	+ 0.6	:	430	sicher
			30.290			162.54	2.83				4n	
14615	Σ 2757	GΣ	29.739	21 03.0	+52 12	267.19	1.93	1-2	+ 4.6	:	430	mittelmäßig
			.742			266.37	2.06	2	+ 3.2	:	430	brauchbar
			29.740			266.78	2.00				2n	
14658	Σ 2761	GΣ	29.676	21 05.2	+24 17	111.46	5.55	2-3	+ 3.3	..	430	sicher
			.684			112.30	5.48	2-3	+ 2.0	..	430	brauchbar
			29.680			111.88	5.52				2n	
14689	β 1330	GΣ	29.788	21 06.8	+03 57	56.31	4.12	2	+ 0.7	..	430	
			.813			56.71	3.70	2	+ 1.1	..	430	schwierig
			30.752			57.14	3.82	2	- 0.5	..	430	
			30.118			56.72	3.88				3n	
14725	Σ 2770	GΣ	29.788	21 09.0	-03 20	244.78	7.80	2	+ 0.1	..	430	mittelmäßig
			.806			245.52	7.65	2	- 0.2	..	430	Wolken
			29.797			245.15	7.72				2n	
14730	Σ 2768	GΣ	29.717	21 09.3	-06 01	192.47	----	1-2	+ 2.3	:	430	ganz unsicher
			.788			193.98	7.70	2	+ 0.3	:	430	
			.806			191.64	7.70	2	+ 0.1	:	430	Wolken
			29.770			192.70	7.70				3n	
14733	OΣ 431	GΣ	29.671	21 09.6	+41 02	122.56	2.96	2	+ 4.5	..	430	sicher
			.676			120.56	2.85	3	+ 3.4	..	430	sicher
			29.674			121.56	2.90				2n	
14750	β 1303	GΣ	29.857	21 10.5	+02 36	214.63	2.84	1-2	+ 1.2	:	430	unbrauchbar
14782	OΣ 436	GΣ	29.810	21 12.6	+76 06	227.82	11.97	2-1	+ 1.3	:	430	zweifelhaft
			.846			227.76	11.91	1	+ 0.4	:	430	zweifelhaft
			.862			227.18	11.94	1-0	+ 1.1	..	430	schlecht
			29.839			227.59	11.94				3n	
14786AB	Σ 2776	GΣ	29.901	21 12.7	-10 34	51.77	84.18	1	+ 1.7	:	430	unsicher
			30.648			52.12	84.10	2	+ 1.0	:	430	sicher
			.659			51.97	84.00	3	+ 0.4	..	430	sicher
			30.403			51.95	84.09				3n	

ADS	Name	Bb	Ep 1900+	1950.0 α	δ	p	s	Bd	t	Auge	Vgr	Bemerkungen
14786BC	Σ 2776	GΣ	29.901	$21^h12^m.7$	-10°34'	340°.26	6".28	1	$+ 1^h.3$	:	430	sehr schwierig
			30.648			339.09	6.06	2-3	+ 0.8	:	430	brauchbar
			.659			338.03	5.96	3-2	+ 0.1	:	430	brauchbar
			30.403			339.13	6.10				3n	
14907	OΣ 438	GΣ	29.671	21 19.8	+42 56	359.24	2.28	2	+ 4.6	:	430	sicher
			.676			356.21	2.19	3	+ 3.4	..	430	sicher
			29.674			357.72	2.24				2n	
14912	Σ 2795	GΣ	29.734	21 20.0	+60 29	300.08	1.61	3-4	+ 4.6	:	580	sicher
			30.727			300.75	1.60	3-4	+ 3.8	:	430	sicher
			.744			299.11	1.77	2-3	+ 1.7	:	580	brauchbar
			30.402			299.98	1.66				3n	
14929	Σ 2792	GΣ	29.709	21 20.9	+28 45	330.66	6.88	2-1	+ 3.2	..	430	mittelmäßig
			.712			330.07	7.10	2-1	+ 1.4	:	430	mittelmäßig
			29.710			330.36	6.99				2n	
14940	β 272	GΣ	29.857	21 21.7	-13 01	251.29	4.57	1	+ 0.8	..	430	ganz unsicher
			.868			251.50	4.33	1-0	+ 0.1	..	430	ganz unsicher
			29.862			251.40	4.45				2n	
		GΣ	30.648			257.71	4.74	2	+ 1.2	..	430	brauchbar
			.653			257.02	4.56	3	+ 0.2	..	430	brauchbar
			30.650			257.36	4.65				2n	
15030	Σ 2800	GΣ	29.695	21 27.9	+49 39	255.22	9.19	2	+ 2.4	:	430	sicher
			.731			254.69	8.96	1-2	+ 2.8	:	430	unsicher
			.942			254.21	9.07	1-2	+ 3.1	:	430	Wolken
			29.789			254.71	9.07				3n	
15045	OΣ 441	GΣ	29.671	21 28.6	+41 59	324.95	6.53	2	+ 4.0	..	430	sicher
			.676			323.60	6.67	3	+ 3.4	..	430	sicher
			29.674			324.28	6.60				2n	
15103	OΣ 442	GΣ	29.734	21 32.6	+61 44	353.19	0.60	3-4	+ 4.6	..	580	sicher
			.736			352.89	0.61	4	+ 3.4	..	830	sicher
			29.735			353.04	0.60				2n	
15117	Σ 2812	GΣ	29.676	21 33.4	+59 27	129.93	2.23	3-2	+ 0.3	..	430	sicher
			.854			131.83	2.26	1-2	+ 0.5	:	430	brauchbar
			29.765			130.88	2.24				2n	
15167	Da 15	GΣ	29.736	21 36.5	+43 04	74.62	1.36	4-5	+ 1.8	:	430	sehr sicher
			.890			72.10	1.61	2-1	+ 0.7	..	430	sehr schwierig
			30.653			72.33	1.48	3-4	+ 2.9	:	430	sicher
			30.093			73.02	1.48				3n	
15180	OΣ 449	GΣ	30.727	21 37.3	+75 00	124.04	1.32	3-4	+ 3.2	:	430	sicher
			.744			124.66	1.30	2	+ 1.7	:	580	brauchbar
			30.736			124.35	1.31				2n	
15195	OΣ 446	GΣ	29.717	21 37.8	+03 31	172.20	6.22	2	+ 1.5	:	430	sicher
			.788			172.20	6.56	2	+ 0.4	:	430	
			29.752			172.20	6.39				2n	
15206	β 372	GΣ	29.734	21 38.2	+51 20	351.34	1.75	3	+ 4.1	:	580	sicher
			.854			352.44	2.14	1-2	+ 0.8	:	430	sehr schwierig
			.868			352.24	2.00	1	+ 1.6	:	430	unsicher
			.890			351.90	2.10	1-2	+ 2.9	..	430	unsicher
			29.836			351.98	2.00				4n	
15208AB	AC 20	GΣ	30.786	21 38.2	+43 03	324.20	2.86	4	+ 1.4	..	430	sicher
15209	Da 14	GΣ	29.890	21 38.5	+43 03	352.99	3.85	2	+ 0.4	..	430	brauchbar
			30.653			350.78	3.65	3-4	+ 3.3	..	430	sicher
			.662			350.42	3.71	3	+ 3.2	..	430	sicher
			30.402			351.40	3.74				3n	
15217	Σ 2823	GΣ	29.734	21 38.9	+67 54	251.66	1.43	3	+ 4.7	:	580	sicher
			30.013			(256.06)	----	2-1	+ 4.7	:	430	unbrauchbar
			.790			250.17	1.62	2	+ 2.9	:	430	schwierig
			30.179			250.92	1.52				3n	
15228	Σ 2858	GΣ	29.810	21 39.5	+86 38	160.91	14.70	2	- 1.6	..	430	sicher
			.854			160.09	14.65	1-2	+ 1.6	:	430	brauchbar
			.890			160.49	14.64	2	+ 2.5	:	430	sicher
			29.851			160.50	14.66				3n	

ADS	Name	Bb	Ep 1900+	1950.0 α δ	p	s	Bd	t	Auge	Vgr	Bemerkungen
15277	β 1263	GΣ	29.736	$21^h42^m.2$ +02°36'	208°.38	0".50	2-3	+ $2^h.0$	:	580	länglich
15350	Σ 2835	GΣ	29.810	21 47.1 +69 05	273.81	----	2-1	+ 5.0	:	430	nicht zu trennen
			.854		269.90	2.11	1	+ 0.9	..	430	zweifelhaft
			.901		273.80	----	1	+ 1.5	:	430	Wolken
			30.013		275.83	2.15	2-1	+ 4.8	:	430	sehr schwierig
			29.894		273.34	2.13				4n	
15379	Σ 2831	GΣ	29.712	21 48.8 +08 07	354.81	14.54	1-2	+ 2.6	:	430	mittelmäßig
			.717		355.93	14.63	2	+ 0.9	:	430	sicher
			29.714		355.37	14.58				2n	
15408	Σ 2844	GΣ	29.854	21 50.5 +64 39	260.62	11.90	1-2	0	..	430	brauchbar
			.862		261.10	11.80	1	+ 0.2	..	430	schlecht
			29.858		260.86	11.85				2n	
15417	Σ 2845	GΣ	29.676	21 51.0 +62 51	174.41	1.96	3	- 6.4	:	430	sicher
			.854		171.73	2.04	1-2	+ 1.2	:	430	brauchbar
			.890		173.34	2.20	2-1	+ 2.2	..	430	sicher
			30.744		170.26	1.99	3	+ 2.0	:	580	sicher
			.847		171.54	1.93	3-2	+ 0.2	:	430	sicher
			30.202		172 26	2.02				5n	
15442AB	Σ 2846	GΣ	29.676	21 52.8 +45 32	266.44	3.46	2-1	+ 4.6	:	430	zweifelhaft
			.717		267.28	----	2-3	+ 1.9	..	430	Wolken
			.821		264.45	3.61	0	+ 3.1	:	430	ganz unsicher
			.862		266.92	3.37	1	+ 0.7	..	430	zweifelhaft
			29.769		266.27	3.48				4n	
15442AC	Σ 2846	GΣ	29.676	21 52.8 +45 32	156.50	33.55	3-2	+ 4.9	:	430	sicher
			.862		154.52	33.58	1	+ 1.0	:	430	sehr schwierig
			29.769		155.51	33.56				2n	
15476	OΣ 537	GΣ	29.736	21 54.4 +59 35	201.47	1.91	4-5	+ 4.0	:	580	sehr sicher
			.744		200.93	2.05	2	+ 0.8	:	580	schwierig
			30.847		199.74	2.10	2-1	+ 1.0	:	430	unsicher
			30.109		200.71	2.02				3n	
15481AB	OΣ 458	GΣ	29.736	21 54.9 +59 32	351.99	0.88	5	+ 3.3	..	830	ausgezeichnet
			30.847		350.00	0.84	2-3	+ 0.4	:	430	schwierig
			30.292		351.00	0.86				2n	
15481AB-C	OΣ 458	GΣ	29.736	21 54.9 +59 32	28.77	22.22	5	+ 3.5	:	430	ausgezeichnet
			30.847		27.29	22.26	2-3	+ 0.7	:	430	schwierig
			30.292		28.03	22.24				2n	
15611AB	OΣ 460	GΣ	29.857	22 03.1 +01 32	343.55	9.98	1-2	+ 0.5	:	430	sehr schwierig
			.868		344.37	10.04	1	- 0.2	:	430	unsicher
			.928		342.90	9.91	2	+ 1.9	:	430	recht sicher
			29.884		343.61	9.98				3n	
15611AC	OΣ 460	GΣ	29.857	22 03.1 +01 32	38.98	17.10	1-2	+ 0.7	:	430	ganz verwaschen
			.868		37.35	17.40	1	+ 0.2	:	430	sehr schwierig
			.928		37.57	17.26	2	+ 2.2	:	430	recht sicher
			29.884		37.97	17.25				3n	
15628	Σ 2859	GΣ	29.693	22 03.6 +20 21	342.12	3.45	2	+ 3.5	:	430	sicher
			.709		342.46	3.50	1-2	+ 2.6	:	430	mittelmäßig
			29.701		342.29	3.48				2n	
15655	Σ 2874	GΣ	29.810	22 05.7 +74 16	149.17	9.54	2	+ 3.7	..	430	zweifelhaft
			.846		149.71	9.62	1	- 0.2	:	430	schlecht
			29.828		149.44	9.58				2n	
15690	Σ 2869	GΣ	29.821	22 07.9 +14 23	252.69	21.12	1-2	+ 0.4	..	430	sicher
			.837		252.97	21.32	1	+ 0.7	..	430	zerplatzend
			29.829		252.83	21.22				2n	
15691	OΣ 463	GΣ	29.693	22 07.9 +13 30	356.63	3.98	2	+ 3.2	:	430	schwierig
			.712		355.87	4.19	1-2	+ 2.0	:	430	sehr schwierig
			.934		356.87	4.45	1	+ 2.4	:	430	zweifelhaft
			30.662		356.51	4.25	2-1	+ 0.1	:	430	mittelmäßig
			30.000		356.47	4.22				4n	
15706AB	β 436	GΣ	30.019	22 09.1 +57 42	328.07	19.81	1-2	+ 4.6	..	430	brauchbar
			.022		327.20	19.94	1-2	+ 4.2	..	430	recht brauchbar
			30.020		327.64	19.88				2n	

ADS	Name	Bb	Ep 1900+	1950.0 α δ	p	s	Bd	t	Auge	Vgr	Bemerkungen
15706AC	Ho 290	GΣ	30.019	$22^h09^m.1$ $+57°42'$	104°.34	18".14	1	+ $4^h.9$	:	430	unsicher
			.022		103.07	18.04	1-2	+ 4.5	:	430	brauchbar
			30.020		103.70	18.09				2n	
15742	Σ 2884	GΣ	29.704	22 10.7 +63 30	146.36	1.99	3	+ 4.8	..	580	sicher
			.728		145.15	2.13	2	+ 4.7	..	430	sicher
			30.744		148.05	2.04	2-3	+ 1.9	:	580	brauchbar
			30.059		146.52	2.05				3n	
15954	Kr 59	GΣ	29.704	22 25.2 +63 27	342.77	1.67	3	+ 4.8	..	580	sicher
			.728		344.93	1.73	2-3	+ 4.7	..	430	sicher
			29.716		343.85	1.70				2n	
15993	OΣ 472	GΣ	29.813	22 27.9 +52 09	0.08	14.24	3-2	+ 2.7	..	430	sicher
			.854		0.06	14.37	1-2	+ 1.1	:	430	sicher
			29.834		0.07	14.30				2n	
16020	Σ 2918	GΣ	29.704	22 29.2 +50 36	242.92	1.51	3	+ 4.1	:	580	mittelmaßig
			.728		242.60	1.22	2-1	+ 4.9	:	430	unsicher
			.734		243.09	1.52	3	+ 5.2	:	430	sicher
			29.722		242.87	1.42				3n	
16128	Σ 2925	GΣ	29.712	22 35.4 +05 39	3.62	7.09	2	+ 1.3	:	430	sicher
			.761		3.68	----	1-0	+ 1.4	:	430	Wolken
			.761		3.57	6.78	0	+ 1.7	:	430	ganz unsicher
			.821		2.97	7.08	2-1	+ 0.1	:	430	brauchbar
			.934		3.62	7.03	1-2	+ 1.4	:	430	Wind
			29.798		3.49	6.99				5n	
16162A-BC	β 1265	GΣ	29.736	22 37.8 +61 09	241.71	0.62	4-3	+ 4.4	:	580	sehr schwierig
16162AB	β 1265	GΣ	29.736	22 37.8 +61 09	166.37	39.68	4	+ 4.7	..	580	sicher
			30.831		166.44	39.65	2	+ 4.0	..	430	sicher
			30.284		166.40	39.66				2n	
16172	Σ 3134	GΣ	29.693	22 38.4 +29 44	76.52	6.35	2-3	+ 3.6	:	430	sicher
			.709		76.41	6.37	2-1	+ 3.6	:	430	mittelmäßig
			29.701		76.46	6.36				2n	
16191	Σ 2940	GΣ	29.734	22 39.9 +72 28	139.11	2.61	4	+ 5.3	..	430	sicher
			.742		138.65	2.67	2-1	+ 5.2	..	430	sehr unruhig
			29.738		138.88	2.64				2n	
16227	OΣ 479	GΣ	29.695	22 41.8 +41 33	129.70	14.36	1-0	+ 4.7	..	430	zweifelhaft
			.709		129.42	14.46	1-2	+ 3.7	..	430	schwierig
			29.702		129.56	14.41				2n	
16238	Σ 2939	GΣ	29.857	22 42.7 -09 54	61.36	10.95	2	+ 0.5	..	430	recht sicher
			.868		62.21	11.01	1	0	..	430	sehr schwierig
			.893		60.90	10.81	2-1	+ 0.3	..	430	schlecht
			29.873		61.49	10.92				3n	
16252AB	OΣ 529	GΣ	30.790	22 43.4 +67 52	201.70	3.50	2-3	+ 1.2	..	430	
			.902		201.30	3.55	2	+ 0.1	:	430	zweifelhaft
			.902		201.19	3.55	2-3	+ 0.9	:	430	mittelmäßig
			30.865		201.40	3.53				3n	
16252AC	OΣ 529	GΣ	30.790	22 43.4 +67 52	219.54	20.66	2-3	+ 1.3	..	430	brauchbar
			.902		219.21	20.50	2	+ 0.7	:	430	Wolken
			30.846		219.38	20.58				2n	
16384	Σ 2965	GΣ	29.734	22 54.2 +72 34	219.26	2.79	4	+ 5.4	:	430	sicher
			.742		215.65	2.88	1	+ 5.3	:	430	ganz unsicher
			.893		217.98	2.78	2-1	+ 0.7	..	430	brauchbar
			29.790		217.63	2.82				3n	
16393AB-C	OΣ 484	GΣ	29.734	22 54.6 +72 34	255.66	30.73	3	+ 5.8	:	430	sicher
			.893		255.47	30.66	2	+ 1.0	..	430	recht brauchbar
			29.814		255.56	30.70				2n	
16449	Σ 2969	GΣ	29.684	22 58.6 +26 30	35.81	3.89	2	+ 3.9	:	430	sicher
			.693		34.72	4.00	2-3	+ 2.9	:	430	sicher
			.862		34.27	4.02	1-2	+ 0.1	:	430	brauchbar
			29.746		34.93	3.97				3n	

ADS	Name	Bb	Ep 1900+	1950.0 α δ	p	s	Bd	t	Auge	Vgr	Bemerkungen
16472	Σ 2973	GΣ	29.695	23h00m.4 +43°47'	40°.59	7".40	1-2	+ 4h.0	:	430	schlecht
			.709		39.48	7.42	1-2	+ 3.7	:	430	schwierig
			.813		40.76	7.33	3-2	+ 2.4	:	430	zweifelhaft
			29.739		40.28	7.38				3n	
16514	Σ 2977	GΣ	29.728	23 04.4 +61 10	348.98	2.08	2-1	+ 4.6	..	430	zweifelhaft
			.734		345.71	2.10	3	+ 5.9	..	430	mittelmäßig
			.736		344.43	2.00	4	+ 4.5	..	580	sicher
			29.733		346.37	2.06				3n	
16673	OΣ 493	GΣ	29.693	23 16.6 +48 12	25.53	8.33	2-3	+ 3.5	:	430	sicher
			.709		24.64	8.22	1-2	+ 3.7	:	430	schlecht
			29.701		25.08	8.28				2n	
16795CD	OΣ 496	GΣ	30.831	23 27.7 +58 16	216.96	1.65	1-2	+ 1.2	:	430	zweifelhaft
			.902		219.22	1.53	1-2	+ 0.5	:	430	brauchbar
			30.866		218.09	1.59				2n	
16795AC	Sh 355	GΣ	30.831	23 27.7 +58 16	269.13	75.80	1-2	+ 1.5	:	430	sehr unruhig
			.901		269.11	75.58	2	+ 0.8	:	430	ziemlich schwierig
			30.866		269.12	75.69				2r	
16795AE	h 1888	GΣ	30.831	23 27.7 +58 16	115.27	42.08	2-1	+ 1.9	:	430	recht sicher
			.901		114.67	42.74	2-1	+ 1.1	:	430	Wolken
			30.866		114.97	42.41				2n	
16795AF		GΣ	30.831	23 27.7 +58 16	338.57	67.08	2-1	+ 2.3	:	430	sicher
			.973		338.59	66.91	1-2	+ 2.3	..	430	mittelmäßig
			30.902		338.58	67.00				2n	
16795FG	h 1887	GΣ	30.831	23 27.7 +58 16	73.24	10.66	2-1	+ 2.7	:	430	unsicher
			.973		73.05	10.68	1-2	+ 2.6	:	430	brauchbar
			30.902		73.14	10.67				2n	
16860	Σ 3026	GΣ	29.684	23 33.8 +28 38	275.14	3.23	3-2	+ 3.5	..	430	sicher
			.693		274.51	3.24	3	+ 2.9	:	430	sicher
			29.688		274.82	3.24				2n	
		GΣ	30.790		275.00	3.18	2-3	− 0.1	..	430	brauchbar
16978	Σ 3036	GΣ	29.712	23 43.4 −00 01	223.32	2.61	2-1	0	:	430	ziemlich sicher
			.731		224.19	2.35	1-0	+ 1.2	:	430	ganz unsicher
			.895		223.66	2.49	2	+ 0.4	:	430	sicher
			29.779		223.72	2.48				3n	
16986	Σ 3038	GΣ	29.709	23 43.8 +62 24	273.49	4.28	2-1	+ 3.7	:	430	sicher
			.728		274.26	4.34	2-3	+ 4.3	:	430	ziemlich sicher
			29.718		273.88	4.31				2n	
17080	OΣ 511	GΣ	29.709	23 50.6 +60 26	34.43	10.54	2-1	+ 3.8	:	430	ziemlich sicher
			.728		35.26	10.45	3	+ 4.4	:	430	sicher
			29.718		34.84	10.50				2n	

Mikrometermessungen von Doppelsternen in den Jahren 1916–1939

Erster Teil: Physische Systeme

bearbeitet von KARL HEINRICH HINTZE

(Veröffentlichungen der Sternwarte Babelsberg der Deutschen Akademie der Wissenschaften zu Berlin, Band XIV, Heft 1)

1962. IV, 88 Seiten — 4° — etwa DM 12,40

Die vorliegende Veröffentlichung enthält die Ergebnisse von Doppelsternmessungen, die in den Jahren 1916 bis 1939 von E. Bernewitz, J. Dick, F. Pavel, G. Struve und H. Struve mit dem Positionsfadenmikrometer des Babelsberger 65 cm Refraktors erhalten wurden. Besonderer Wert wurde auf die Beobachtung von Doppelsternen mit großer Bahnbewegung gelegt.
Die Veröffentlichung enthält die Nummer des Objektes im New General Catalogue of Double Stars von R. G. Aitken neben der üblichen Benennung, den Beobachter, die Beobachtungsepoche, Rektaszension und Deklination bezogen auf das Aequinox von 1950, den Positionswinkel und die Distanz des Begleiters bezogen auf den Hauptstern, die Bildgüte, den Stundenwinkel, die Augenstellung zur Verbindungslinie der Komponenten, die angewandte Vergrößerung sowie die Anzahl der Beobachtungsabende und Bemerkungen über die Brauchbarkeit der Messungen.

Bestellungen durch eine Buchhandlung erbeten

A K A D E M I E - V E R L A G · B E R L I N

VERÖFFENTLICHUNGEN DER STERNWARTE IN SONNEBERG

DER DEUTSCHEN AKADEMIE DER WISSENSCHAFTEN ZU BERLIN

Band 4

Heft 1 CUNO HOFFMEISTER
Photographische Aufnahmen von Kometen
1956. VI, 58 Tafelseiten — 68 Abbildungen — gr. 8° — DM 15,50

Heft 2 WOLDEMAR GÖTZ / HANS HUTH / CUNO HOFFMEISTER
Die veränderlichen Sterne der nördlichen Milchstraße, Teil IX
1957. 116 Seiten — 96 Abbildungen — gr. 8° — DM 16,50

Heft 3 WOLDEMAR GÖTZ / HANS HUTH
Die veränderlichen Sterne der nördlichen Milchstraße, Teil X
1958. 45 Seiten — 24 Abbildungen — gr. 8° — DM 7,50

Heft 4 CUNO HOFFMEISTER
Beobachtungen des verstärkten Nachthimmelleuchtens in den Jahren 1946—1957
1959. 30 Seiten — gr. 8° — DM 3,50

Heft 5 CUNO HOFFMEISTER
Die veränderlichen Sterne der nördlichen Milchstraße, Teil XI
1960. 112 Seiten — gr. 8° — DM 15,—

Heft 6 GEROLD RICHTER
Die veränderlichen Sterne der nördlichen Milchstraße, Teil XII
1961. 87 Seiten — 70 Abbildungen — mit Tabellen — gr. 8° — DM 14,—

Band 5

Heft 1 WOLFGANG WENZEL
Einige Eigenschaften der unregelmäßig veränderlichen Sterne geringer Leuchtkraft
1961. 84 Seiten — 11 Abbildungen — 41 Tabellen — gr. 8° — DM 12,—

Heft 2 WOLDEMAR GÖTZ
Photographische Untersuchungen an RW-Aurigae-Sternen in den Dunkelgebieten von Taurus und Orion
1961. 70 Seiten — 10 Abbildungen — 1 Falttabelle — 20 Tabellen — gr. 8° — DM 11,40

Heft 3 NIKOLAUS RICHTER
Experimentelle Untersuchungen zur Beleuchtung interplanetarer Materie
Teil I: Photometrische Untersuchungen an Stein- und Eisenmeteoriten
1962. 40 Seiten — 43 Abbildungen — 3 Tabellen — gr. 8° — DM 5,90

Heft 4 NIKOLAUS RICHTER / W. BÖRNGEN
Experimentelle Untersuchungen zur Beleuchtung interplanetarer Materie
Teil II: Streuung und Polarisation elektromagnetischer Wellen an Wolken feiner Partikel unregelmäßiger Gestalt
In Vorbereitung

Bestellungen durch eine Buchhandlung erbeten

A K A D E M I E - V E R L A G · B E R L I N

FSC
www.fsc.org
MIX
Papier | Fördert gute Waldnutzung
FSC® C083411

Zeitfracht Medien GmbH
Ferdinand-Jühlke-Straße 7
99095 Erfurt, Deutschland
produktsicherheit@kolibri360.de